做一个 让人
无法拒绝的 女子

若思
编著

德宏民族出版社

图书在版编目（CIP）数据

做一个让人无法拒绝的女子 / 若思编著．-- 芒市：德宏民族出版社，2020.6
　ISBN 978-7-5558-1390-3

　Ⅰ．①做… Ⅱ．①若… Ⅲ．①女性－修养－通俗读物 Ⅳ．① B825-49

中国版本图书馆 CIP 数据核字（2020）第 078940 号

书　　名：	做一个让人无法拒绝的女子		
作　　者：	若　思　编著		
出版·发行	德宏民族出版社	责任编辑	思铭章
社　　址	云南省德宏州芒市勇罕街1号	责任校对	彭　敏
邮　　编	678400	封面设计	U+Na 工作室
总编室电话	0692-2124877	发行部电话	0692-2112886
汉文编室	0692-2111881	民文编室	0692-2113131
电子邮箱	dmpress@163.com	网　　址	www.dmpress.cn
印　刷　厂	永清县晔盛亚胶印有限公司		
开　　本	145mm×210mm　1/32	版　次	2020年6月第1版
印　　张	7	印　次	2020年6月第1次
字　　数	160千字	印　数	1-10000册
书　　号	ISBN 978-7-5558-1390-3	定　价	38.00元

如出现印刷、装订错误，请与承印厂联系调换事宜。印刷厂联系电话：13683640646

前　言

你的要求总被别人拒绝吗？

你羡慕那些受人追捧和被无条件接受的人吗？

为什么有些人总是那么幸运，有些人却处处受挫？

有些女子总是那么幸运，似乎具备了一切迷人的特质：真诚、乐观、热情，周围的人都喜欢与她为伍。这样的女子是极富魅力的、是让人无法拒绝的。女人要成功，就要做到让人无法拒绝。唯有处处受欢迎的女子，才能轻易获得他人眼中梦寐以求的梦想、事业和爱情。

当今社会，女性已涉入社交的各个领域，而且社交活动越来越频繁。一个女人拥有了端庄的举止、优美的仪态、迷人的神韵、高雅的气质再加上内在的品格力量，便拥有了打开社交之门的交际魅力，良好的处世能力有助于女人取得生活上和事业上的成功。

活力四射的新时代女性，善于塑造自我、肯定自我、提升自我，性别的主体性和独立性从没有像今天这样发挥得淋漓尽致。生存的智慧和生活的品质，像竖琴一样在她们手中拨出美妙的声响——努力工作，但决不让脸色变得"狰狞"或枯槁；享受爱情，但更看重和朋友们自足自乐的"约会"；爱护家庭，但决不婆婆妈妈、拖泥带水；把握现在，但更懂得积极地设计自己的未来。

一个让人无法拒绝的女子才能在生活和工作中洒脱自如，充分展现自我。这样一个在各方面都如此得体、恰到好处的女子，怎么能不得到众人的青睐呢？

聪明的女子善于打造自己的交际圈，她们在多个交际圈中长袖善舞，这不但是女人的自信，也是女人魅力的表现。以一种高尚的人格做人，以一种独特的魅力社交，丰富的人脉就自然掌握在你的手中。

对每一个对自我有要求，想要达到自己想要的成功的女人来说，我们的追求绝不仅仅是精彩一阵子，而是精彩一辈子。我们要在人生的舞台上保存实力、积蓄力量，绽放得长久就要掌握一些技巧，做一个让人无法拒绝的女人。

《做一个让人无法拒绝的女子》从女人对自我修养、情绪控制、处理问题的能力、谈吐的魅力、为人处世的分寸、职场、家庭经营之道等方面，提供了全面而具体的方式和方法，流畅的文字与实用的方法相结合，让您在闲暇放松之余，修炼自身、体会进步。如果你梦想成为一个让人无法拒绝的智慧女子，用智慧开创自己的非凡人生。那么，就请打开这本书，它将让你受益匪浅！

目 录

第一章 好形象，成就好女人

1. 展现自己的外在美 ··· 003
2. 有容貌的女人是幸福的 ····································· 006
3. 让美貌升华为气质 ·· 011
4. 用服饰表现自己的独特风格 ······························ 015
5. "妆"出你的动人娇颜 ······································· 021
6. 养护你的完美肌肤 ·· 023
7. 完美的礼仪让女人更有魅力 ······························ 025

第二章 女人心态好，运气差不了

1. 保持一个快乐的心态 ·· 031

2．爱笑的女人魅力四射····································· 034
3．快乐的女人是最美的····································· 037
4．女人应该远离烦恼······································· 041
5．永远保持一份好心情····································· 047
6．快乐的女人懂得知足····································· 051
7．努力做一个"阳光女人"··································· 055

第三章 会说话的女子，让人无法拒绝

1．聊天是不可缺少的沟通方式······························· 063
2．用漂亮话赢得人心······································· 066
3．选个好话题很重要······································· 069
4．幽默的女人受欢迎······································· 074
5．倾听的女人是迷人的····································· 077
6．批评别人要讲究窍门····································· 082
7．让你的声音充满个性和魅力······························· 087
8．谨慎地使用你的舌头····································· 091

第四章 广结善缘，大家心甘情愿来帮你

1．女人要有自己的人际关系网······························· 099

2. 友谊是女人一生不落的太阳·····················103
3. 做个左右逢源的女人·························109
4. 坚持在别人背后说好话·······················112
5. 宽容别人，善待自己·························116
6. 做个懂得感恩的女人·························120
7. 养成乐于助人的好习惯·······················123
8. 女人一定要有热情···························127

第五章 女人有智慧，幸福常驻你心中

1. 把握好异性交往的分寸·······················133
2. 善解人意的女人讨人喜爱·····················136
3. 灵活应对心怀不轨的男人·····················140
4. 用信任"取悦"你的丈夫······················144
5. 吃亏越多，幸福越多·························149
6. 把丈夫"吹"起来····························152
7. 男人该"修理"就得"修理"··················156

第六章 有气质和修养的女子，魅力四处飘

1. 女人要有自己的知性美·······················163

2．适当的羞涩可以提高你的魅力·······················167
3．女人的修养是一种诱惑·························170
4．淑女,透出典雅柔和的光芒·······················173
5．有内涵的女人气场强大·························176
6．性感,让女人更女人···························180

第七章 性格好的女子,更容易抓住男人的心

1．温柔的女人具有特殊的魅力······················187
2．"撒娇"是女人的独门暗器······················194
3．女人不要太挑剔·····························197
4．女人要远离焦虑·····························202
5．宁静的女人最幸福···························206
6．用谦虚亲和赢得幸福·························210

第一章 好形象，成就好女人

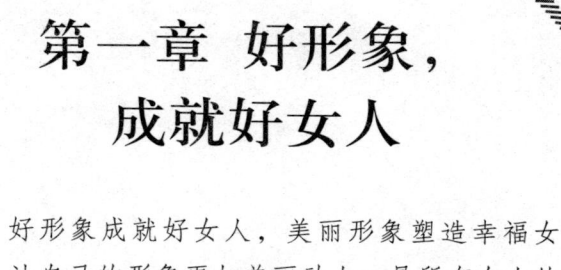

好形象成就好女人，美丽形象塑造幸福女人。让自己的形象更加美丽动人，是所有女人的希望与渴求。如果想要夺人眼球，就需要把自己从头至尾的收拾一番，塑造出良好的形象，如此才能给人好感，让人愿意接近，从而给他人留下难忘的印象。

1. 展现自己的外在美

你是否注意到，当你与某个人见面的时候，仅在几秒钟内，甚至是没有说一句话，你在心里就会对自己说："我不喜欢与这样的人接触"。而有的时候，当你与某个人见面时，也是在几秒钟内，你就感觉这是个不错的人，因为你自己在内心深处说："我喜欢与这样的人接触"。我们是如何判断对陌生人的喜恶的呢？其实就是通过一个人的气场，而这最先往往是透过形象展现出来的。

色彩心理学家路易斯·切斯金曾经做过这样一个实验：为了检验新洗衣粉的包装设计对产品销量的影响，他找到了一些家庭主妇，给了她们三袋不同颜色包装的洗衣粉，让她们连续使用数星期，然后告诉他哪种洗衣粉的洗涤效果最佳。其实这三个袋子里装的是同一种洗衣粉。

几周后，接受测验的家庭主妇们把自己的答案告诉了心理学家。经过统计分析，路易斯·切斯金发现：家庭主妇们认为三个袋子里的洗衣粉有着完全不同的清洁效果。很多主妇都表示黄色袋子中的洗衣粉洗涤强度太大了，会损坏衣物。

为什么同一种洗衣粉放在三种不同的包装中，给人的感觉就不一样呢？路易斯·切斯金解释说：由于产品的包装不同，往往会影响消费者对其品质和功能的判断，他将这种现象称为"人的非合理性倾向"。这种现象不仅出现在消费领域，同样也适用于人际印象的判断中。鉴于此，我们平时一定要做好自己的形象包装，并时不时地给自己做做广告。

一个人的价值最终应当由他的能力和实力来决定，但从某种意义上说，形象具有"先入为主"的作用。因为一个人形象的好坏，等于给这个人贴上了标签，再次与之相遇或交往时，就会对其有一定的惯向性。如果某人的形象给我们留下了较好的印象，即使他有某些缺点，我们也往往会寻找借口来为其掩饰，替他辩解。相反，若某人的形象给我们留下了不好的印象，即使他能力再强，我们也会从心底里产生排斥。

曾担任美国三位总统礼仪顾问的威廉·索尔比说："当你学会怎样包装自己时，它就会给你带来优势。它是一种技能，是你能够学会的技能。"其中懂得接受自己本来的相貌、身高，正视自己的优缺点，是塑造自己良好外在形象的第一步。只有了解自己的外在特质，才能适当地对其进行修饰，扬长避短。之后要做的，是根据不同环境场合的要求，根据自己的年龄、身份，进行恰当的装扮。完全朴素示人不失为一种风格，但在现代社会，外在装扮与职业属性的联系十分密切。为了更好地开展工作，融入社交，进入社会，选择适合自己的着装，并进行恰当的化妆是非常必要的。

（1）了解自己的优势与特色，给人感觉舒服的外在美

我们需要认识自己，了解自己，善用自己的优势与特色，

根据自己的体貌特征来穿着打扮。让其他人（不管男性或女性）看到你的第一眼，就留下整齐又怡人的印象，接下来的任何接触，或更深入的接触，都远远比你在有点邋遢、不修边幅的外表的情况下，来得更容易，甚至还会有你意想不到的结果。

（2）完美着装还要讲究精致，注意细节的配饰

大家可以观察看看，那些成功的新时代女性，她们一点也不邋遢，而且还很有型。你会在她们的发色和发型上看到与众不同的光泽与角度；可以在她们的脖子、手指、手腕上，看见经过设计的配饰；不管是摇滚、朋克还是重金属的装扮，她们其实非常有特色，在某一程度上也很吸引人，有着一种叛逆且黑色的美。

因此，想让自己打扮出独特的风格，细节装饰就显得非常重要。我们可以找出适合自己的色彩和款式风格，然后当个自信、坦率的女人，如此才能真正受到大家的欢迎。

值得提醒的一点是，美丽的外表有助于建立良好的第一印象，但维系长久的人际关系则依赖于稳定、宽容、友善等积极的人格特质，外貌的作用随着时间的推移会逐渐减弱。一个真正受欢迎的人，往往具有良好的性格，每当人们想起她的形象，就会想起她悦耳的声音、友善的表情、得体的衣着、大方的谈吐等。

所以，真正有气场的女人应懂得展现自己的外在美，同时也懂得提升自己的内在美。

2. 有容貌的女人是幸福的

有容貌的女人是幸福的。的确，漂亮在女人成功的路上起到了十分重要的作用，甚至成为一些女人的"法宝"。

荣获国际公关大奖的朱艳艳，就是一位漂亮女人。我们来看看她是怎样利用她的女人优势来创富的。

很多年轻的女孩子刚刚进入职场的时候，23岁的朱艳艳已经是兰生大酒店的公关部经理了。她算得上是中国改革开放以后第一批在本土成长起来的公关人才，当时的她对自己所扮演的角色还有些懵懂。每天都是在忙碌中度过的，比如说要把中国文化介绍给外国客人，圣诞节的时候举办餐会，举办各种新闻发布会，工作的跨度很大，从举办各类宴会到媒体联络，从企业关系维护到政府关系，几年的历练带给朱艳艳的除了成熟和自信外，还有一张无所不包的关系网。

各类媒体里，她拥有一大帮记者编辑朋友，娱乐、经济、体育记者一应俱全，办宴会展会，她的人脉资源可以一直从主持人、明星延伸到诸如食物安排之类的所有细节，还有政府部门上上下下的工作人员，朱艳艳也都混了个脸熟。人生中的第一份工作，无疑为朱艳艳打开了一扇门，也为她积累了第一桶金——人脉的无形资产。

不过真正体会到人脉资源的价值，还是源于一件小事。当时有一个朋友在策划一个记者招待会，发布新闻，但是他自己和媒体不熟悉，就找人帮忙联系相关的记者。朱艳艳说，这是她第一次强烈感受到市场对于公关服务的需求，有需求就有市场，这令她萌发了创业的念头。而20世纪80年代中期，处于市场转型期的上海，甚至没几个人知道公关是什么，以至于当她在工商局办理工商登记的时候，工作人员要求给公共关系公司改个名字，理由就是从来没看到过。不过在她的坚持下，上海最早的本土公关公司之一——"视点公关公司"就这样上马了。

创业的初期总是难熬的。公司一共几个员工，每天的工作就是寻找客户。一开始是查黄页，打电话给4A广告公司，还有一些潜在的客户，或者干脆到他们公司去。但是很快就发现，收效甚微。这些公司如果没有预算，没有相关的活动经费，是根本不会考虑你的任何建议的。而且对于不知根不知底的公司，客户不敢用你。残酷的现实让朱艳艳明白了熟人介绍的重要性。后来的第一个转机发生在1996年。朱艳艳的一个朋友在一家美资的自来水管公司工作。这个朋友告诉她，公司需要做些媒体公关，但是没有太多的预算。直觉告诉她这是一个机会。虽然只是写写新闻发布稿、和媒体记者联络的简单活儿，朱艳艳还是十二万分用心地去经营，不放弃任何给别人留下好印象的机会。

第二年，朱艳艳争取到了第二个客户。当时哈根达斯推出最早的冰激凌月饼，然后把广告业务部分交给一家4A广告公司全权负责。不过在当时外资的广告公司和国内的媒体少有交情，于是就自然而然想起了朱艳艳，把这部分的业务转分包给她。依靠媒体关系这笔独特的资源，她尝试最大限度地挖掘其中的潜力。几次小试牛刀后，公司逐渐步入了正轨。被朱艳艳称为转折点的客户是美国的家用电器巨头惠而浦。外国公司对公共关系是非常重视的，而且也有请公关公司服务的习惯。当时惠而浦进入中国市场没几年，几乎是一年换一家公关公司，但一直没有找到一家满意的公司。1997年年底，眼看着上一家公关公司的合约即将到期，朱艳艳的一位在惠而浦工作的朋友向老板引见了她。

对这次期待已久的见面，朱艳艳做了充分的准备。短短的十几分钟内，她行云流水般的讲述恰到好处地解释了公司能为惠而浦提供的服务。老板随即拍板，OK，就用你们吧！

之后就一发不可收拾了。联合利华旗下的诸多品牌，比如力士、多芬、奥妙，还有其他世界500强公司像三菱电机、通用磨坊等，都成了朱艳艳的客户，而且最令她骄傲的是，这些客户的忠诚度极高，至少到现在还没有炒她鱿鱼的。而随着经验的成熟，她们的业务也从原来简单的媒体联系，发展到策划活动、政府关系和公共事务、社区关系、危机公关、全球新闻发言人等。

依靠2001年一手策划奥妙新妈妈大赛，朱艳艳还成了首位获得国际"金鹅毛笔"奖的中国公关人。这让朱艳艳走上了事业的另一个高峰。

她成功的一个很重要的秘诀就是用心经营人脉。

朱艳艳有个习惯，在组织记者活动的时候，顺便记录他们身份证上的生日。就在采访的当天，正逢她的一位记者老朋友的生日，朱艳艳出其不意让快递送上一大束鲜花，令老友感动不已，在同事间也颇有面子。这种温暖的举动，朱艳艳完全是用心在经营。

公关是个特别的行业，人就像建筑中的顶梁柱，是支撑所有附属结构的根本。其中最为重要的部分恐怕就是媒体关系了。一个企业想要在公众心目中建立诚实可信的形象，无非就是通过各类媒体传达信息。而信息的传递又是双向的，企业有没有积极主动地提供信息是一个方面，而记者是不是对这些内容感兴趣，是不是愿意做报道又是另一个方面。公关的职责就是架起企业和记者之间的桥梁。

朱艳艳说公关的秘诀就是用心，用真诚和别人交朋友。靠交情能令一切水到渠成，而粗俗的拉关系或者利益交换，只能是短暂的利益共生。朱艳艳认为这其实是无心插柳柳成荫，不能把人际关系当作生意来做，但是当你用心地呵护这些关系的时候，回报是自然的。她说，记者其实是最聪明的一群人，你是否真心，大家心里都有一杆秤。

不得不承认，女性赏心悦目的亮丽、天生的细心和周到也帮了朱艳艳大忙。在适当的时候，在别人需要帮助的时候，送上合适的关怀。这种细腻而微小的动作常常能成为别人尘封记忆里不断回忆起的往事。

朱艳艳争取到她最重要的大客户之一——联合利华，其实是有一段有趣的故事。故事是从惠而浦开始的。当时惠而浦的洗衣机和奥妙洗衣粉搞联合促销，两边的工作人员正好谈起朱艳艳的公关公司。惠而浦工作人员的大力赞赏令奥妙的品牌负责人心里痒痒。很快,奥妙就成了朱艳艳的客户。朱艳艳说,现在公司收取费用是按照时间计费的,但是公司绝对不会为了蝇头小利而故意延长时间,或者建议客户做不必要的开销。她还是坚持要营造长期的合作关系。比如有时候,客户会要求开新闻发布会,其实对我们而言,新闻发布会通常可以赚更多的钱。但她们常常站在客户的立场考虑问题,一场新闻发布会的成本是很高的,如果可以避免,我们就建议不开。时间久了,口碑自然就来了。按照朱艳艳的话说,这就是润物细无声,或许也可以解释为什么朱艳艳的公司几乎从未丢失过老客户。

漂亮女人朱艳艳的成功向人们展示了女人如何把握机会,如何能利用自身优势来获得好的人缘,同时又利用好的人缘来开创事业是非常重要的。

常言道:"姿色是女人的事业。"漂亮女人的成功是有捷径的,因此,聪明的女人要懂得在你的容貌修饰上下足工夫,也是挖掘自身优势来助自己成功的一种不可或缺的资源。心理学家说过:"男人的成功一般是通过实际的竞争取得的,而女人的成功则往往是通过交际网络取得的。"漂亮的女人能够给人良好的第一印象,在社会交往中给人的印象更加深刻,也能较快博得人们的好感。在公关行业中,漂亮女人的优势更加明显。

3. 让美貌升华为气质

女人的气质与年龄无关，与相貌无关，与金钱无关。那些走入气质门槛的女人，她们有了悟性，积聚了内涵，具有丰富感和空灵感，形成了风姿绰约的气韵。

有一个知名的画家，非常想画一幅天使的画像，他希望这幅画能别具一格，有自己的特色。这个画像不是人们经常看到的那样，而是来源于自己的想象。

他非常渴望找到一个模特，这个人有天使的善良与修养，并有慈悲的气质以及亲和力。但一直找不到太合适的人，直到他遇到了一个山村的姑娘。画家因这一幅画而名扬天下，那位模特也得到了不菲的报酬。

多年后，有人对画家说，你画了最美的天使，也应该画个最丑的魔鬼呀。画家认为说得很有道理，但到哪里找一位丑陋的人呢？他想到了监狱，终于在那发现了一个理想的人，然而让他意想不到的是：这个人居然是以前做天使模特的女人。

当女人知道自己将被画成魔鬼时，失声痛哭。女人疑惑地问："你以前画天使的模特就是我，想不到现在画魔鬼的居然还是我！"

画家不解地问："怎么会是这样呢？"

女人说:"自从得到了那笔钱,我就离开了山村,到处游山玩水,后来还染上了毒瘾,把钱花完之后,为了满足遏制不住的欲望,就去骗人、做坏事,最后案发入狱。"

人性中有善的一面,也有恶的一面。如果女人不能用内涵武装自己,她就会流于庸俗,甚至将人性中恶的一面显现出来。如果女人不懂得充实自己,不懂得做个有内涵的气质女人,即便她曾经是个天使,也会演变成魔鬼。

气质是女人的经典品牌,这是现代人的共识。相对美丽的容貌而言,气质则是厚重的、内涵的,气质是文化底蕴、素质修养的升华。现代的女性越来越讲究"内外兼修",在气质的修炼上纷纷找准从"文化"入手的捷径。于是,女人的气质便演化为高贵、性感、情趣、妩媚抑或神秘,让人们在欣赏女人时怀着一种敬畏,一种仰慕。

气质是指人相对稳定的个性特征、风格以及气度。性格开朗、潇洒大方的人,往往表现出一种聪慧的气质;性格开朗、温文尔雅,多显露出高洁的气质;性格爽直、风格豪放的人,气质多表现为粗犷;性格温和、风度秀丽端庄,气质则表现为恬静……无论聪慧、高洁,还是粗犷、恬静,都能产生一定的美感。

美貌不等于气质,从美貌升华到气质要经过磨炼和洗礼,著名影星张曼玉已经完成了一个女人从美丽到气质的升华。

张曼玉刚刚出道的时候,几乎没有什么特色,她的相貌也算不上国色天香。后来张曼玉拍了很多片子,给别人的印象是她是好看的、有灿烂笑容的女人。

后来，经历过人生的风雨之后，张曼玉懂得了，明星只是一时，而演员才是永远的。有了这种意识后，张曼玉懂得珍惜更多朴素的东西，从而变得更加豁达，更加深刻。她已经不再是刚刚进入娱乐圈时的那个花瓶了，她完成了从美丽到魅力的升华，逐渐散发出一种让人难以抗拒的魅力。

正是这样从内而外的升华，使张曼玉成为炙手可热的明星。1991年的《阮玲玉》将她送上了事业的巅峰。在后来的《人在纽约》中，张曼玉不温不火的表现令她迅速出线，成为耀眼的明星，也为她赢得了人生中的第一个奖项——第27届台湾金马奖"最佳女主角"奖。此后的她在戏里戏外都成了吸引人的女人。她那惟妙惟肖、出神入化的表演让她"浑身都是戏"，让人们忘了这是在演戏，仿佛就是发生在我们身边的故事。这正是张曼玉登峰造极的气质带给人心灵的震动。

当她从镁光灯下走出之后，我们看到的那个真实的张曼玉，身上兼有东方的素静神韵与西方的明艳光彩，从无虚饰与矫情，自然流露出她清澈而深沉的内在气质。

2003年，随着张艺谋的大片《英雄》在全国热映，人们看到了一个在大漠风沙中明艳逼人的张曼玉。人们不由感慨她风采依旧，年龄不但没有成为她演艺事业的障碍，反而赠给她征服越来越多观众的内涵与气质。

张曼玉的气质来源于内心自我的清醒、独立的认识，时光沉淀下来的苦涩与神韵让她完成了气质的升华。银幕下的张曼玉无论在任何场合都是恬静、微笑的，淡妆素服，不见一丝浓艳。她从不在传媒面前张扬，只是静静地微笑着。裙裾之间，女人的妩媚尽在不言中；举手投足间，巨星风采翩然而至。

这种气质的女人就是花丛中的一朵嫣红，最后终于变成最精粹的一滴金黄色的花蜜，让你在惊叹中慢慢地回味。

在现实生活中，有相当数量的女人只注意穿着打扮，并不怎么注意自己的气质是否给人以美感。诚然，美丽的容貌，时髦的服饰，精心的打扮，都能给人以美感。但是这种外表的美总是肤浅而短暂的，如同天上的流云，转瞬即逝。如果你是有心人，则会发现，气质给人的美感是不受年纪、服饰和打扮局限的。

气质美是丰富的内心世界外露。它包含了人们的文化素质的提高、知识和经验的沉积以及品德和修养的凝练。品德则是锤炼气质的基石。为人诚恳、心地善良、胸襟开阔，内心安然是不可缺少的。

气质美看似无形，实为有形。它是通过一个人对待生活的态度、个性特征、言行举止等表现出来的。一个女子的举手投足，走路的步态，待人接物的风度，皆属气质。朋友初交，互相打量，立即产生好的印象。这种好感除了来自言谈之外，就是来自作风举止了。热情而不轻浮，大方而不傲慢，就表露出一种高雅的气质。狂热浮躁或自命不凡，就是气质低劣的表现。

气质美还表现在性格上。这就涉及平素的修养。要忌怒忌狂，能忍辱谦让，关怀体贴别人。忍让并非沉默，更不是逆来顺受，毫无主见。相反，开朗的性格往往透露出大气凛然的风度，更易表现出内心的情感。而富有感情的人，在气质上当然更添风采。

高雅的兴趣是气质美的又一种表现。例如，爱好文学并有一定的表达能力，欣赏音乐且有较好的乐感，喜欢美术而有基本的色调感，等等。

气质美在于美的和谐与统一，在于对待事物的认真，执着，聪慧，敏锐，在于淡然之中透出明朗而又深沉悠远的韵味，在于她心中有一座储量丰富的智能矿藏，并且随着时间的推移，不断更新和积淀更厚的内涵，任岁月荏苒，亦能给人一种常新的美丽。

4. 用服饰表现自己的独特风格

"我们生活不是为了穿戴，我们穿戴是为了生活。"这是女人着装遵循的原则。正是在这个原则下，关于服装的风格，关于服装流行的趋势，几乎可以畅所欲言。女人着装的风格，不仅要美观，而且要实用，首先要能突出一个女人的个性特点。

什么样的衣服才算"好衣服"？其实很简单，除了与自己的年龄、身份、肤色、身材及穿着的场合相吻合外，无非是这么几个要素：样式别致、颜色谐调、质地上乘、做工精良。但问题是好的衣服大家都知道，"不好"的衣服却未必人人皆知。借用托尔斯泰的语式来说，就是好的衣服大致相同，不好的衣服却各有各的不好。可是现如今不少报刊总是对"好"衣服给予大量篇幅，到处美人纤体华服，虽然营造了当前经济、文化、社会等无处不在的商业气息。然而，讲讲"不好"似乎更有些实实在在的用处。

曾有人说，在人类文明的衣、食、住、行的最初形式之中，衣服是最富有创造性的。的确，衣服是人的第二皮肤，特别是对女性来说，无论是其衣服的造型还是制作，都要追求独具匠心的创造，确立自己的着装风格，并通过这种创造演绎出一种令人难忘的审美情感。

服饰也有个性。要学会用能表现自己独特气质的服饰装扮自己，使装扮与自己相符，内在的气质与外表相一致，就看着"顺眼""舒服"。比如，文静偕清淡简洁、活泼伴鲜明爽快、洒脱宜宽缓飘逸、高傲忌繁复的装饰和柔和的暖色等等。你一定有过这样的经历，穿上一身得体的衣服，心情会立刻好起来，头不扬自起，胸不挺自高，步子迈得比平时轻盈，人也特别有信心，无论是走在街上，进到商场里，或是在办公室，好像普天之下没有什么办不成的事。

其实，衣着打扮并不神秘，任何人只要肯留心，都能掌握最基本的要领。我们平常所讲的"风度"，就是内在气质与外在表现相互衬托、彼此辉映的结果。风格的形成越早越好，因为有了风格，你的体貌特征才能与服饰间出现规律性的结合，使你的形象给人带来无与伦比的贴切感。有风格还不怕老，因为越老风格越成熟、越突出。有风格一定会带来自信，因为风格是个性的东西，别人可以羡慕，却无法效仿，这样，你就可以成为时尚上独立的载体。

生活中，我们很少将风格与自身的特点及其穿衣方法挂钩，因此人们才会面临着无数的装扮烦恼：我该留什么样的发型？穿哪种款式的衣服？戴多大的耳环？穿什么样的鞋型？为什么今年流行的那款裙子我穿着不对劲等等。你会发现这些烦恼都来自一个问题，那就是我到底适合什么。

我到底适合什么？要解决这个问题，唯一的办法就是要搞明白"我是谁"。

首先，你要了解自己的外形特征，这里分为外形的轮廓特征和体量特征；其次，要了解由自己的面部、身材、神态、姿态及性格等与生俱来的元素所形成的气质和氛围给人带来哪类的视觉印象，即周围人往往用哪类的形容词来形容你，以此找到自己的风格类别归属；最后，通过对女性款式风格类型的理解去对号入座，按自己的风格类别归属去扮靓自己。

根据行为、举止、性格、受教育程度等，通常把女人分为高贵典雅型、传统典雅型、利落大方型、罗曼蒂克型、自然主义随意型、自然主义异域风情型、楚楚可人型、前卫少年俊秀型、前卫少年睿智型、前卫戏剧型十种气质型。

（1）高贵典雅型女人

端庄、知性、圆润、优雅、高贵、成熟、大家闺秀。以曲线剪裁为主的款式或曲线趋于直线的款式，使其具有自然的肩线，强烈的腰线。这种优雅而简单的造型，能够体现出精致、优雅的品位、成熟高贵的气息。非常适合洋装、线条流畅柔美的套装或针织套衫等。材质与花样为高品质的天然材质，柔软、光滑但不贴身的面料。正式场合以素色相搭配，休闲装可用树叶、花朵、波浪、漩涡或小的商标等花样来点缀。

（2）传统典雅型女人

端庄、知性、硬朗、成熟、能干、严谨、有责任心。以直线剪裁为主的款式，适合柔和的垫肩和做工精细合体的套装。领型适合V字领、小方领、西服领等。要注意回避过分曲线剪裁的款式，如荷叶边、青果领等，但可以不受潮流影响，给人以古典精致，端庄有分量的感觉。材质与花样为高品质的天然材质或柔软适度、有型的面料，以中性色为主色调；也可用点状、条纹、方格、花朵、树叶等花样来点缀。

（3）利落大方型女人

年轻、时尚、利落、能干、前卫、行动力。适合以直线与曲线相结合的剪裁，形成时尚、简约的式样。颜色以黑、白、灰以及五彩色为主。整体给人感觉简洁大方、时尚、摩登，有与时俱进的现代气息。材质与花样为天然的毛料、真丝或高科技合成面料，以素色为主；也可选择简单的条纹、几何纹、花、叶、树纹、动物皮纹、抽象图案等。

（4）罗曼蒂克型女人

浪漫、性感、成熟、大家闺秀、热烈。适合以曲线剪裁为主的、非常合体而圆润、浪漫感觉的款式，特别是要强调腰部、胸部、背部的曲线，应贴身而体现妩媚与性感。靠近脸部要做曲线型的领。最适合裙装，如收紧的包裙、大波浪裙子，且适合曲线的褶皱、荷叶边或华丽、线条流畅、有蓬松感的衣服。需要体现含蓄隐藏的性感。材质与花样为豪华的丝绒、丝绸、金银线的织物，或选用柔美、轻盈、透明、质地柔软、悬垂性好、华丽、质感的面料，以体现女人味。选择可爱、优美的花样，波浪型、象型图案等，如动物、树的纹路、叶子、梦幻般模糊不清的流线型花朵图案、绣花类、漏空花样等。

（5）自然主义随意型女人

亲切、自然、平和、中庸、返璞归真。多穿着有都市感却又平凡普通的服装，追求舒适与随意、简单不花哨，自然易活动的款式，如套头的高领毛衣、牛仔裙（直线剪裁的A字裙、吊带长裙），也可穿大一号的款式。材质与花样为亚麻、棉质、牛仔布、灯芯绒、磨砂皮等天然材质为宜；颜色选择不太鲜艳，以趋向于自然的色系为好。格状条纹、几何图案都是最佳选择，还可有动物图纹、大自然的花纹、编织纹等。

（6）自然主义异域风情型

艺术、夸张、别致、异国情调。适合能体现女人艺术、表现夸张，可直可曲的剪裁，且适合把一切不和谐的东西穿在身上。这样的穿着打扮乍看是随意的，但细品时却发现是经过深思熟虑后的搭配，显得大胆、狂野、陌生的异国情调。也适合穿着历练千古的民族风味的款式。材质与花样为亚麻、棉质、蜡染或华丽的纱、绸等；图案选择传统艺术或夸张、有异国情调的花样。

（7）楚楚可人型女人

可爱、圆润、天真、优美、怜爱。柔和、流畅、飘逸的款式最能表现可爱和轻盈的气质。适合小曲线有褶皱的款式，如小型蕾丝花边、细小的花朵、蓬松的灯笼袖等服装。材质与花样为柔软、细腻、透明的材质，如丝质、纱质、蕾丝等。回避过重、粗糙的麻质花样，选择水滴型的、蝴蝶结的、卡通的或花朵等有规律感的图案。

（8）前卫少年俊秀型女人

帅气、干练、潇洒。适合利落的、以直线裁剪为主的服装。牛仔布、灯芯绒、混纺类等有硬度的挺括的面料。直线型的、对比的几何、格纹、条纹图案。尽量选择明快的、有韵律感的色彩。回避多褶皱的、华丽的、中庸的、保守的、松散的俯视风格。

（9）前卫少年睿智型女人

帅气、中性、直爽、前卫、知性、有责任感。适合直线剪裁的服装。着裤装比裙装好看。适合穿中性十足的中式立领或多扣式以及在细节上有明线、明兜、拉链、开领背帽等款式的服装。材质与花样为粗的灯芯绒、薄的毛料、尼、皮革、有硬度的绸缎等；花样适合民族风格的图案，或格子、斜纹、几何图案等，也可以素色为主色调，但不可太艳丽。

（10）前卫戏剧型女人

前卫、夸张、大气、醒目、存在感强。拒绝平庸的服饰，而用引人注目、夸张、醒目、华丽而大气的款式，剪裁可曲可直。材质与花样可选择硬挺的皮革或高科技合成的面料以及呢料绒面、闪光面料、透明飘逸的丝质绸缎等；花样可选择大气的几何图案，怪异的、动物纹路或大花朵的图案。

风格是每个人都拥有的，千万不要认为只有漂亮的人才能谈风格。风格绝对是每个人自身散发出来的一种与生俱来的氛围和气质，是你区别于任何其他人的个性标志，也是你要进行打扮的"底子"。无论你身材高低，五官如何，你都会有你确定性的风格和魅力。风格不是"我想怎么样""我要怎么样"，而是"我是什么样的""我就是这个样的"问题。因此，我们不用羡慕别人的身高和美腿，也不用模仿谁的发型，更不能盲目地跟随流行。不把"底子"弄明白就往上添加东西，结果是可想而知的。应该说每个人都有属于自己的美，也就是自己的个性魅力。只是人往往不知道金子就藏在自身，总到别人身上去挖宝，却不知道真正的宝藏就是自己。

5. "妆"出你的动人娇颜

任何一位女性，只要坐到梳妆台前，就可以成为一位"艺术家"——完善自己面部形象的艺术家。正如古希腊哲学家亚里士多德所说："艺术就是用来弥补自然之不足。"然而，这种艺术又与真正的艺术家们进行创作不尽相同。因为人的脸庞生来就已经有了一个雏形，"艺术家"们只能在这个雏形的基础上进行加工，精雕细琢，最后描上几笔，起到画龙点睛的作用。如果我们仔细端详一位公认非常漂亮的女性，就会发现她并不是完美无缺的，只不过是通过化妆突出了自己的优点，掩饰了某些不足而已。

对于女人来说，每天早上化了妆再出门，不仅是对自己的尊重，也是对别人的尊重，还有助于提升自己的自信心。

正所谓"三分长相，七分打扮"。相貌虽是天生的，但美丽却可以通过后天打扮出来。化妆就像一种优美的艺术，掌握了它就能让人变得更美。

你必须明白，化妆的目的是提升你的自然美，是最大限度地让你的容貌变得更美，同时淡化那些不足之处。化妆应该轻描淡写地完成，把你的美丽展现出来。

工作后第一份工资刚入账，王梅梅就直奔某商场化妆品柜台，那里面各种包装精美的高档化妆品在学生时代就是王梅梅的梦想，她觉得那些价格昂贵的化妆品擦在脸上一定会让自己变得更加美丽动人。

一瓶粉底液，一支睫毛膏，一支口红……工资基本上被花得所剩无几，可是等到王梅梅在镜子前倒腾了半天，却发觉镜子里的自己并没有让人眼前一亮的感觉，只不过是比以前稍微变白了一点点而已。

怎么会这样呢，她完全是按照以前从网页上所搜集的化妆步骤一步步来的啊！为什么别人化完妆后会给人眼前一亮的感觉，自己却是原来的样子。后来，经一同事提醒，王梅梅才找到了自己化妆失败的原因。

"化妆并不在于流行什么，而在于你适合什么，你要根据自己的脸部特征找到适合自己的妆容。"经这一提醒，王梅梅专门找了一位私人化妆师学习化妆。经过一番系统的学习之后，她才知道如果眉毛正确的起始点和高度、角度找不准，即便是唇线描得再好，眼影匀得再精致，都不会给人顺眼的感觉。

化妆最难的不是技巧，而是审美眼光。就算你能任意描画出各式各样非常精美的眉毛，能匀抹出具有专业技巧的眼影，但如果你的审美有问题，整体妆容就会显得粗俗，既不美，也谈不上有品位。

当然了，每个人都有自己的审美观，但总的来说，化妆应该使一个人表现出她最美的一面。打造完美的面部妆容，其奥妙就在于：它不是把人的形象掩盖起来，不是给自己塑造一副假面具，而是要力求做到看上去自然的同时，更能表现出自我的优点。只有这样的化妆，才能真实地反映自己、表现自己，并体现自己独特的风格。

6. 养护你的完美肌肤

有人说:"世界上最美丽的服饰也比不上一身美丽的肌肤。"这句话用在女人身上是再好不过了。因为肌肤是女人最天然最动人的衣服,它几乎囊括了所有女性的形体之美。

平滑、细腻、光洁、富有弹性的肌肤在视觉上传递了美好、温良、愉悦的感觉,而粗糙、灰暗、有色斑以及凹凸不平的肌肤多给人以负面的印象,甚至引发距离和排斥感。因此,女性肌肤护养已不单是挽留青春、保持光鲜美丽的问题,而且关乎自我修养和生活品质。

护养肌肤是一个循序渐进、长期坚持的过程,那些一星期祛斑,一个月换肌,七天变白的说法和做法都是不科学的,甚至是非常有害的。真正的皮肤护养应分为护理和保养两个方面,而且护理重在外,保养重在内。护理应抓住防晒、清洁、化妆品使用三个主要环节;保养应重视内调、运动、心理三个要素。把握三大环节和三个要素,并掌握正确的护理和保养方法,是皮肤护养的要义。

当我们把皮肤护养归结为三个环节和三个要素后,你会发现复杂而困惑的皮肤护养问题变得简洁和清晰起来。当然,要做好这些环节和要素还有方法问题,护养方法多多,但我建议抓住其中最基础核心的要点,并从基础事项坚持做下去。

首先，防晒很重要，因为所有的专家一致认为，阳光中的紫外线是女人皮肤衰老的第一大天敌。紫外线除了引起皮肤皱纹外，还会使皮肤变硬、晒黑、出现雀斑。防止紫外线对皮肤伤害的最基本原则就是不要让肌肤直接暴露在阳光下，并使用适合肤质、适合场地的防晒产品，采取适当的防晒措施以有效地阻挡紫外线的伤害。

其次，重视皮肤清洁这个重要环节。洁肤有三个方面的含义：

（1）要清除掉附着在皮肤上的污垢、尘埃、细菌等，使皮肤处于尽可能无污染和无侵害的状态中，为皮肤提供良好的生理条件。

（2）要清除掉人体分泌的油污、汗液和老化的角质细胞。这对皮肤是个很好的调整和放松过程，可以有效地激发皮肤活力，使毛孔充分通透，充分发挥皮肤正常的吸收、呼吸、排泄功能，保持皮肤良好的新陈代谢状态。

（3）要彻底清除掉皮肤上的化妆品残留物。再好的化妆品，如果清洁得不彻底，长年累月对皮肤的侵袭和损伤也是非常严重的，特别是化妆品中的碱性等不良成分残留在皮肤上是非常危险的。

再次，护理皮肤要重视化妆。选择和使用化妆品是护理皮肤三个环节中最复杂和花样最多的一个环节，选好化妆品，真正找到适合自己的化妆品是这个环节的核心要点。

当然，女人要想有完美的肌肤，光靠护理只是治标不治本，只有护理加保养，才能达到里外合一的效果。

首先，内调是皮肤保养的不可或缺的要素。内调说的是饮食与美容的关系。皮肤的营养归根结底是通过饮食不断地转换供给皮肤，那么多食品和食用方法，分辨出哪些是最重要和必不可少的是这个要素的核心要点。

其次，运动对保养皮肤至关重要。运动对保养皮肤至关重要，运动的核心要点是勤奋和持之以恒。

再次，女性的心理状态长期地作用于容貌，这一点是大家的共识。若你真能宽容待人、富于爱心、富有感恩心、不与他人恶性争斗、不做损人利己的事情，那你必将拥有明丽的心境。

总之，每个女人都应该明白天生丽质的美是有的，但真正永恒的美却离不开后天对美的发现和呵护。每个女人的肌肤就好比那些出生不久的孩子，只要我们尽心尽力地呵护它，那么它就会娇嫩无比，但如果你对其不闻不问，它就会将我们身体的瑕疵暴露无遗。

7. 完美的礼仪让女人更有魅力

在现代社会，礼仪修养几乎成为一个人和一个社会文明程度的标志。优雅的行为举止，得体的仪态和言语，真挚的情感和规范的礼仪，成为构建人与人之间沟通的桥梁，其力量和价值都是无可比拟的。

礼仪是一个人的思想道德水平、文化修养、交际能力的外在表现，在现代的社会生活、工作交往中发挥着越来越重要的作用。

完美的礼仪能够造就出一个拥有无穷亲和力的女人,熟知礼仪的女人绝对是社交场合中一道最美丽的风景。

当然,没有人与生俱来就是完美的,人皆是通过不断的学习来自我完善并最终获得优雅的举止。因此,在日常生活和工作中,女人应加强个人礼仪修养,塑造自己的魅力新形象,从而使自己更受欢迎。那么如何有效地学习礼仪呢?

(1)理论与实际相结合

礼仪本身是门应用学科,因此,学习礼仪必须坚持知行统一。由于礼仪涉及的内容十分广泛而复杂,仅仅了解是不够的,关键要去实践,而且需要反反复复地去实践。也许这一次在某一个场合自己做得不好,那就应该加以总结并在下一次遇到同样情况的时候做得好些。再经过多次实践,就会成为一种自然而然的习惯。一个人只有在与别人的交往实践中,通过比较和总结,才能认识到哪些行为是符合礼仪规范要求的,哪些是不符合礼仪规范要求的。总之,学会礼仪必须依赖实践,学会礼仪必须应用于实践。

(2)内外兼修

内外兼修是学习礼仪过程中一个不可忽视的问题。要真正成为一个在社交活动中的成功人士,偏重或忽视哪一个方面都是不正确的,强调内在修养,却缺乏得体的外在形象和言谈举止,甚至衣冠不整、小动作不断,怎么会让人喜欢?而金玉其外,把自己打扮得整洁时尚,却没有较高的修养和气质也不会让别人有好感。所以,我们提倡的是"内外兼修",两个方面相辅相成。

(3)灵活应用、随机应变

礼仪要求做到"恰如其分",包括在礼仪应用上灵活应变,避免生搬硬套。礼仪的规则是成文成框的,而社会生活本身是灵活多变的。我们从书本上学到的礼仪知识具有一定的概括性和理论性,而在真正的交往中,你会发觉由于人与人之间的不同,场合与场合之间的差别,需要我们做出一些适当的、非常规的变动。实践是检验真理的唯一标准,运用好才是目的。所以,礼仪知识需要我们学以致用。

此外,应入乡随俗,到不同的地方尊重当地的风俗礼仪。对待不同身份的交往对象,都应该有相应的尺度。对于亲密程度不同的人更是如此。随着具体场合的变化,礼仪的要求也会有不同,甚至有时候面对一些突发事件,或是没有遇到过的场合都应该做出灵活的应变反应。但是,我们需要明确的一点就是不管礼仪在具体场合的变化如何复杂,其内在本质在任何情况下都是一致的,就是"尊重他人,为他人着想"。

第二章 女人心态好，运气差不了

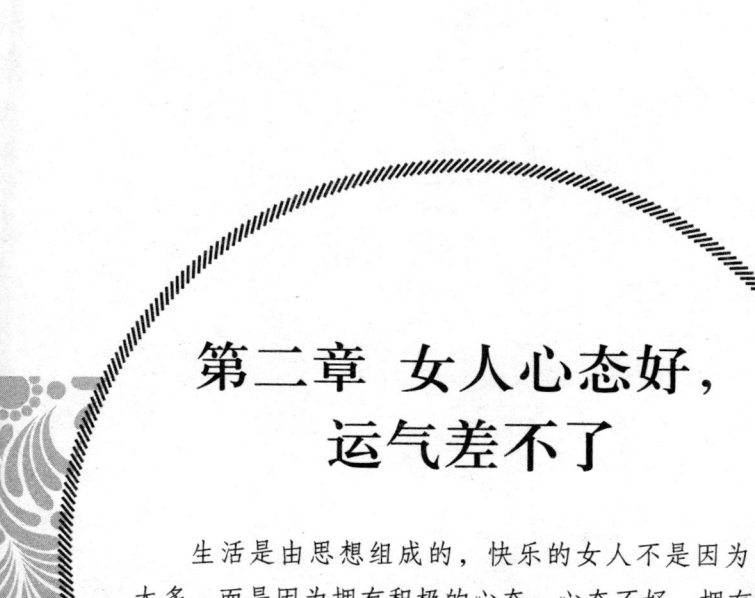

生活是由思想组成的，快乐的女人不是因为拥有太多，而是因为拥有积极的心态。心态不好，拥有香车别墅，日子过得再光鲜，也寻不到幸福的踪迹。心态好了，日日粗茶淡饭，即使生活窘迫，幸福的感觉也能时时处处冒出来。

1. 保持一个快乐的心态

快乐纯粹是内在的，它的产生不是由于事物，而是由于人们的观点、思想和态度。萧伯纳说："如果我们可怜下去，很可能会一直感到可怜。桑兰、张海迪面带微笑地工作和生活，有谁能说她们可怜呢。"

在日常生活中，我们往往见到有人乐观，有人悲观。为何会这样？其实，外在的世界并没有什么不同，只是个人内在的处世态度不同罢了。

文学作品所塑造的女性形象，她们大都有着悲惨的身世，曲折的人生道路和一颗饱受痛苦折磨的心灵。然而，现实生活中依然有很多女子也同样活得痛苦，她们把自己的生活看成是在炼狱，生活只是为了尽快地走向死亡的终点。

其实，一个真正懂得生活的女人是不会把自己的生活看作是炼狱的，她们懂得享受生活所带来的痛苦和欢乐。她们知道虽然生活并不尽如人意，但是生活本身就是一段历程，只有懂得去享受痛苦时的铭心刻骨，欢乐时的自由欢畅那才是生活的本真色彩。

曾经有一位中国作家在异国他乡做客，他一进门就感到了主人家萦绕的快乐气氛。女主人是一个五十岁左右的中年妇女，在中国，这样的年龄应该已经很稳重了，可是这位女主人却像一个二十岁的小姑娘一样，十分快活。令这位作家更加惊讶的是，她们家七十多岁的老奶奶也一样充满快活的神情。作家在他的文章里这样写道："那位老人的眼中充满了孩童般天真的光彩，仿佛时光的流逝并没有在她的眼中留下任何印记一样。"如果我们老了的时候还能像那位老人一样保持着孩童般的纯真与快乐，那么我们的一生应该是很美丽的。

千万不要忘了幽默。适当的幽默能促进你的亲和力，使你和周围的人更好地交流，受到周围人的喜爱。从而也会使你的生活更加丰富多彩，人生更加快乐。

同一事物，完全在于你看待它的态度。有的人因半杯水而快乐，有的人因半杯水而悲哀，所以困惑人们的往往不是事物本身，而是看待事物的方式。

事实上，人们眼睛见到的，往往不是事物的全貌，只看见自己想寻求的东西。乐观者和悲观者各自寻求的东西不同，因而对同样的事物，就采取两种不同的态度。

有一天，我站在一间珠宝店的柜台前，把一个放着几本书的包裹放在柜台边。当一个衣着讲究、仪表堂堂的男子进来，也开始在柜台前看珠宝时，我礼貌地将我的包裹移开，但这个人却愤怒地看着我，他说，他是个正直的人，绝对无意偷我的包裹。他觉得受到侮辱，重重地将门关上，走出珠宝店。我感到十分惊讶，这样一个无心的动作，竟会引起他如此的愤怒。后来，我领悟到，这个人和我仿佛生活在两个不同的世界，但事实上世界是一样的，所以差别的是我和他对事物的看法相反而已。

几天后的一个早晨，我一醒来便心情不佳，想到这一天又要在单调的例行工作中度过，便觉得这个世界是多么枯燥、乏味。当我挤在密密麻麻的车阵中，缓慢地向市中心前进时，我满腔怨气地想：为什么有那么多笨蛋也能拿到驾驶执照？他们开车不是太快就是太慢，根本没有资格在高峰时间开车，这些人驾驶执照都该吊销。后来，我和一辆大型卡车同时到达一个交叉路口，我心想："这家伙开的是大车，他一定会直冲过去。"但就在这时，卡车司机将头伸出窗外，向我招招手，给我一个开朗、愉快的微笑。当我将车子驶离交叉路口时，我的愤怒突然完全消失，心胸豁然开朗起来。

这位卡车司机的行为，使我仿佛置身于另一个世界。但事实上，这个世界依旧，所不同的只是我们的态度。快乐是一种态度，它不分富贵贫穷，每个人都拥有一份快乐。只是有的人充分享受了快乐，有的人却没有拿出来享用或者根本不知道自己拥有快乐。

快乐是我们思想愉悦时的一种心理状态，快乐是健康与生存的必需品，快乐就在每天的生活中，我们应该学会享受生活，享受每天的快乐，充分地去体验、去感受生活中的一草一木。快乐的心情就像一剂良药，而破碎的心却会吞噬骨髓。你快乐了，就会好好地工作，就可以更加成功；你快乐了，就可以更健康，就可以对人宽容仁慈。

每个人在生活中都会有类似的小插曲，这些小插曲正是我们追求快乐的最佳方法。要活得快乐，就必须先改变自己的态度。我想，这就是快乐的真谛吧！

2. 爱笑的女人魅力四射

俗话说："笑一笑，十年少"，笑使人的面部和全身血液循环加速，常笑会使两眼明亮有神，面颊红润光华。现代美容大师也说：面部按摩之所以能取得美容的效果，关键就在于它能使人的面部肌肉与皮肤放松，致使血液循环流畅，面部营养充分。由此可见，平和的内心和经常的微笑能起到和专业美容一样的效果。

笑能消除女人神经和精神的紧张，使大脑皮质得到休息，使肌肉放松。特别是在一天紧张劳动之后或工间休息时，说个笑话，听段相声，大脑皮质出现愉快的兴奋灶，有利于消除疲劳，增进健康。

笑是人体的生理需要，女人正处于生理过渡期，心情烦躁易怒，更需要健康的笑。现代生理学研究证明，笑是一种独特的运动方式，对机体来说是最好的体操。笑实际上就是呼吸器官、胸腔、腹部、内脏、肌肉等器官作适当的协调运动。笑对呼吸系统有良好作用，它能使肺扩张，在笑声中不自觉地进行深呼吸，清理呼吸道，使呼吸通畅；笑能增强消化液的分泌和加强消化器官的活力；笑能消除神经和精神上的紧张，调节人的心理活动，消愁解烦，振奋精神，扬起生活的风帆；笑能调节自主神经系统和心血管系统的功能,促进血液循环;笑能使面部颜色由于血液循环加速而变得红润;笑能增强肌体活动能力和对疾病的抵抗能力,起到某些药物所不能起到的作用;愉快的心情可影响内分泌的变化,使肾上腺分泌增加,使血糖增高,碳水化合物代谢加速,新陈代谢旺盛,因此能促进女人的身体健康。

大千世界,千变万化,笑的种类丰富多彩。笑是人的本能,无须师授,人人皆会,但哪些笑有益健康,并非人人皆知。女人要想使笑声伴随自己的一生,让笑给生活染上欢乐的色彩,就必须培养健康高尚的情操,懂得笑的艺术。

(1)健康之笑发自心底:笑是生理和心理和谐的交融,欢乐愉快的共鸣。健康乐观的笑是发自内心的自然欢笑。人逢喜事笑颜开,它是内心世界的表露,这样的笑是对身体有益的。而那些狂笑、狞笑之类,对身体并非有益,有时会因此而得病。什么样的笑最好呢?听听相声,欣赏一些有意思的哑剧、或幽默作品等,所发出的和谐、轻松、舒适的笑,是有益健康的自然之笑。

(2)知足常乐是笑的源泉:女人要永远保持愉快的情绪,欢乐的笑容,首先要培养乐观主义精神,"知足常乐"的思想。只有心理上的平衡和稳定,才能保持笑颜常驻,笑口常开。现实生活中的很多忧愁烦恼,多数来自名利和享受方面的不知足。因此,要常体会"比上不足,比下有余","知足常乐"的道理。足而生乐,乐而生喜,喜则生情,情则养人,精神焕发,笑逐颜开,有益于身心健康。

(3)幽默轻松是笑的关键:列宁曾说过:"幽默是一种优美的、健康的品质。"幽默是具有智慧、教养和道德上的优越感的表现。幽默轻松，表达了人类征服忧患和困难的能力，它是一种解脱，是对生活居高临下的"轻松"审视。一个浑身洋溢着幽默的女人，必定是一个乐天派。愁眉苦脸是滋生不出幽默来的。幽默的直接效果是产生笑意，令人如坐春风，神清气爽，气恼全消。其潜移默化之效是愉悦心灵、延年益寿。在人的精神世界里，幽默、欢笑实是一种丰富的营养。因此，女人应培养自己的幽默感。在生活中遇到的各种困难和矛盾，若以幽默待之必会增添无穷妙意异趣。生活在幽默风趣的气氛中，脸上经常会显现出健康轻松的微笑。

（4）生活丰富是笑的条件：女人要想使自己保持健康的心理状态，首先要热爱自己的工作。志有所专，乐以忘忧，以对社会有所贡献引以为荣。除此而外，要兴趣广泛多样，自寻乐趣。琴棋书画、花木鸟鱼、旅游观赏等活动，都有益于身心的调节。再者，要广交朋友，乐于互相交谈，互吐衷情，使情绪变得豁达、轻松。总之，用丰富多彩的爱好兴趣，调剂、装饰自己的生活，使生活充满情趣，五彩缤纷，激发热爱生活的强烈愿望。欢乐之情溢于言表，心胸开阔，开朗乐观，生命之树才能长青。

生活的实践证明，善笑的女人少病、乐观、长寿，生活的愉快。为了您的健康、幸福，要学会控制自己的情绪，养成无忧无虑的性格。希望女人的脸上能充满健康的微笑，让悦耳的笑声伴随自己的一生。

3. 快乐的女人是最美的

快乐是幸福生活海洋里激起的美丽浪花；快乐是人生乐曲中振奋人心的音符；快乐，是一种积极向上的人生态度。快乐的女人不用靠华丽的包装去引人注目，她们周身散发出的自然的快乐气息就是最诱人的味道，让人流连忘返。

快乐是精神的潇洒、个性的超脱、心灵的升华。快乐的女人是最美的！

一个城市女孩，穿了一条白底碎花的新裙子，高兴得跑去给人看。不慎，新裙子染了一滴墨水——尽管它很小很小，但裙子是女孩的心爱之物，那滴墨水使她心里疙疙瘩瘩的。因为那女孩老是想着裙子上那滴该死的墨水，便郁郁寡欢。渐渐，那滴墨水抵消了她对裙子的爱。之后，它就被弃之一边了。

学校放暑假，那女孩跟父亲的工作组到乡村扶贫，还把她那条因染墨而不穿了的裙子也带了去。后来，那女孩把那条白底碎花的裙子送给了一个乡村女孩，这个乡村女孩见是条裙子，高兴得手舞足蹈，她可是头一回穿裙子呢！尽管她穿上不合体，但在那乡村女孩眼里，世上再没有比裙子更美的服饰了——她快乐得连裙子的式样和大小都不计较，难道她还注意那滴墨水吗？那乡村女孩快乐之极。

快乐就是如此简单，在痛苦中找寻快乐。珍惜你现在所拥有的一切，因为他们都会给你带来快乐。同是一条裙子，在那个城市女孩眼里，她看到的是裙子上的那滴不起眼的墨水；在那乡村女孩眼里，她却看到了喜之不尽的美。一个人快乐与否，完全取决于他看待事物的角度和衡量事物的标准，看他自己的目光所采撷的是美还是丑。

环顾身边的女人，漂亮的不少，能干的不少，坚强的不少，但她们中间又有多少人生活得快乐呢？不是对生活不满，就是在追求许多东西的过程中丧失了最纯真的快乐。生活给了女人太多的责任、太多的负担以及太多的约束。很多女人常常就习惯地把自己的心囚禁在一个狭小的天地里，于是琐碎、烦恼、苦闷、忧郁随之而来。一个愁容满面的女人在任何时候都不会美丽动人的。

快乐的女人是可爱而美丽的；快乐的女人是温柔而善良的；快乐的女人是妩媚而优雅的；快乐的女人更是幸福的。快乐的女人也许不是出色的女人，但她，却是掌握人生要义的女人。假如一个漂亮的女人不快乐，那么她们的漂亮和能干又有什么意义？

许多女人在内心深处也都渴望能拥有快乐，但这种快乐往往被她们所承担的社会角色所掩盖。不说工作的压力、岗位的竞争和职位的高低，仅家里的事，就够女人忙活的了。一个女人要扮演多重角色，妻子、母亲、女儿，家里的一日三餐要张罗，丈夫的西装领带要操心，孩子的作业要检查，每天就像一个陀螺一样忙得团团转，可是临到睡觉的时候还是觉得有一大堆事没有做完。

然而，只要你留心，就会发现在这平淡的生活里也处处充满着甜蜜和温馨，你仍然能感受得到快乐，比如在你累的时候细心体贴的丈夫为你送上一杯热茶的时候、下了班推开家门活泼可爱的孩子喊着妈妈扑到你的怀抱的时候、在你的努力和付出得到老板真诚认可的时候、在你遇到困难得到陌生人热心帮助的时候……快乐源于生活，聪明的女人要善于从生活中寻找快乐。

其实，快乐很简单，快乐的方法任何人都可以使用：第一步，若遇到困难，不要惊慌失措，冷静地分析整个情况，找出万一失败时可能发生的最坏情况是什么——难道你会因此而失去生命吗？若不会，那还有什么好怕的。第二步，找出可能发生的最坏情况后，就要在心理上做好接受它的准备。第三步，想方设法改善那种最坏的情况，集中精力解决问题，使情况向好的方面转化，只要你尽力了，你就可以心平气和地玩游戏、唱歌、交新朋友，这些非常舒服。可以使你充满了欢乐，几乎忘了烦恼和病痛。即使是一秒钟以前发生的事情，我们也没有办法再回过头去纠正它，只能改变一些一秒钟以前发生的事情的影响。唯一可以使过去变成有用的方法，就是平心静气地分析过去的错误，从错误中吸取教训，然后再把错误带来的负担忘掉。

每个女人都会有不顺的时候，试着在最不开心和失败时对自己说："这是最糟糕的了，不会再有比这更倒霉的事发生了。"既然"最糟糕的事"都已经发生了，还有什么可怕的呢？既然已经到了最低谷，那么以后就该顺利了。

寻找快乐，就不可专注于负面的情绪，不要总是提醒自己："这事上次没做好，这次千万不要再出差错""这段路总是出交通事故"等等，否则，只会使心里更紧张，懂得快乐的人就会避免用失败的教训来提醒自己，而常用一些积极性的暗示，比如"这事我最拿手，一定会做好""经过这段路时应该减慢速度"等等；这种积极的暗示，比起向自己强调负面结果要好得多。

寻找快乐，就别给自己贴上失败的"标签"，不要总是对自己说"我不行""我做不了""大家都不喜欢我"等等。其实，真正能够击倒你的人恰恰是你自己，你应该多给自己一些激励与信心，相信自己并不比别人做得差，相信成功一定会属于快乐的人，你就一定会做一个成功的快乐女人！

懂得调节自己的情绪，笑对人生，满怀希望地寻找快乐的踪迹，这样的女人，快乐才能围绕她跳起优雅的舞步。

一个快乐的女人知道怎样热爱生活，知道怎样让生命更有意义地度过。快乐的女人生活得有情趣，虽然平凡却有滋有味。快乐的女人拥有一颗爱心，无爱的女人是不会真正快乐起来的。快乐的女人就像一缕春风，给别人带来轻松愉悦。快乐的女人身上有一种无形的光芒，吸引着你走向她。

总之，要做一个快乐女人并不难，因为快乐不需要任何庸俗的东西来做载体，只要你是个有心人。快乐的女人也许钱不多，没有闲暇、闲情，但她会用心智来创造愉悦和激情。

4. 女人应该远离烦恼

　　每个女人都应该有颗沉稳宁静而广博透明的心灵，用它来覆盖生命的每一个清晨和夜晚。从此不再因外界的风声而瑟瑟发抖，不再因身体的顿挫不适而万念俱灰，不再因生命的瞬间飘逝而惆怅莫名……你会因为好心情而美丽动人，生活也会因此而健康壮丽。

　　心灵就像一个朋友，经常和它保持沟通，它会给你有如知心朋友般的温暖与呵护。不如意的事情经常发生，这时你也许会想："这件事真烦，该找谁诉说一下呢？可是这件事又十分难以说出口，即使说了别人能够理解我吗？"其实，你之所以会被这样的情绪困扰着，就是因为平时不善于与自己的心灵沟通，没有及时的清理思绪，调节你的感受。要知道，与自己的心灵对话，与别人的心灵交流是同等重要的。

　　生活中的这些平凡琐事，会把你的感觉带入误区。有时你疑惑生活为什么这样茫然，为什么充满这么多的遗憾，而你的企盼却总是不能实现，有时真是感到身心都已经疲惫不堪了。这些莫名其妙的情绪和感受充满了你的整个头脑，占据了你的内心世界，但是你却始终得不到解脱。

　　其实，如果你细心观察就会发现，生活中许多不愉快的事情，都是因为心情烦躁而产生的。如果能在遇事时，冷静地思考一下，让心情平静下来，和自己的心灵对话，那么心情就会好很多。

如果将女人的生活视为旅游，烦恼就是她携带的行囊，这"行囊"会陪伴女人人生的旅程，但聪明的女人却会聪明地对待它。其实，生命正是在烦恼与不烦恼的交替中顽强向前，并闪出进步的火花，就如黑夜与白天在交替中露出彩霞。

人生离不开烦恼，感情细腻的女人与烦恼更加有缘。

说起现实生活中的女人，尤其是中年女人，总是和太多的烦恼连在一起。孩子考试成绩不好，烦恼；老公应酬多，回家晚，烦恼；领导办事不公平，烦恼；同事之间闲话多，烦恼；别人有私家车而自己买不起，烦恼……似乎所有的烦恼都是为女人而设的。

烦恼的起因，往往不可捉摸，甚至非常可笑。有个活泼开朗的漂亮女人，20岁时曾因香港某男歌星要来演出而兴奋万分。后来，演出取消，她突然心烦，与家里人莫名其妙地吵架，还摔了一大摞碗，吓得她父母惊恐不安，以为她疯了。十年后，她说起这件事却是那么理智、轻松、幽默和风趣，她承认女人的烦恼有时很幼稚。

事业女人可能会因工作而心烦，这是女人勇敢冲向社会的必然反应。参与社会竞争的女人令人尊敬。社会竞争只承认价值，这一点男女平等。不管是谁，只要对社会有贡献，社会就相应回报；否则，就惩罚你。这就是社会竞争的原则，是超越性别的至上原则。

经济问题也使女人烦恼。失业、工薪低、买不起高档化妆品和生活捉襟见肘等，都会引起女人的烦心。其实，人活着的底线很低，有很多烦恼都出自浮躁、虚荣和要求太高。我们如果能正视自己的社会能力，把能做的事做好，烦恼就会很少。

当然，女人最多的还是情感烦恼。情感烦恼有两类：一是为不爱的人心烦；二是为爱的人心烦。前者是假烦，后者是真烦。女人去掉假烦恼的方法很简单——拒绝！而真烦恼却经常令女人无计可施。不过，从骨子分析女人，你会发觉女人根本就离不开烦恼，她们离开烦恼后会更痛苦和不安。女人为爱的人烦恼是一种带酸苦味的甜蜜，她会在这种烦恼中获得快感并且上瘾。正因如此，男人有时才会惊叹女人心烦得十分奇怪。

女人更为自己的容貌而烦恼。身体容貌都受之于父母，美丽不美丽也都听天由命。但没有一个女人不希望自己永远年轻漂亮，外貌永远都是女人第一关心的。她们不遗余力地用尽各种手段赶跑皱纹，留驻青春，为自己提高自信心，也为工作和爱情增加筹码。

女人也为自己的体型而烦恼。没一个女人不介意自己的身形的，即使瘦得跟芦苇一样，也要成天喊着减肥，看看电视、网络里充斥了那么多瘦身产品的广告就知道。其实，女人那么急着减肥，只不过为了让自己适应商场里越来越小的衣服而努力罢了。还有一点，可能只是女人之间的互相竞争，女人减肥只是给其他女人看的，绝对不是给男人看的，其实男人根本不喜欢瘦女人，男人只喜欢健康匀称的女人。

俗话说：人比人得死，货比货得扔。其实，有些事根本没有比的必要。在生活中，当你羡慕别人的时候，别人也同样在欣赏你，你这方面差点那方面可能就强点。比如，你在羡慕别人跟你挣同样的工资却能买得起大房子的时候，别人在因受贿而受到法律制裁的同时也羡慕你的生活安稳。其实，你有你的快乐之源，只是不善于发现自己的长处罢了，对自己没有信心，总是把眼睛盯在别人的亮点上，久而久之，你就会变

得越来越不开心，说到底，产生烦恼的根本原因是自己的心态失衡。

烦恼本身不是问题，关键在于我们怎样面对烦恼。生活中，应该尽力把烦恼赶走，不让它在心中片刻停留。

（1）换个背景看烦恼

比如说平常我们所见的月亮，当它在高高的天空当中时，其背景是浩瀚无垠的宇宙，月亮相形之下就显得特别小；当月亮刚出地平线，陆地上的房屋树梢都在其左右成为一种对照物时，月亮在这些物体的衬托下看起来就显得很大。因此如果你感到环境对你有一种压抑感，或者你总为一些小事忧伤不已时，建议你不妨换一个更为开放广阔的环境，以便改变你的心境。

（2）明确行为和心态

烦闷是现代人带有普遍性的一种"常见情绪"。在这样的心境下，人仿佛对自己所做出的所有行为都不能认定其积极的意义所在，因而表现出一会儿想干这个、一会儿又想干那个、一会儿什么都想干、一会儿又什么都不想干的混乱无序的状态，以致总感到茫然无措和心神不定。因此，产生烦闷的最直接因素通常有两个：不明白自己应该做什么，或者不清楚自己所做的事是否值得。

（3）工作最容易令人开心

工作本身尽管通常并不能直接给人带来乐趣，然而工作的性质却使人们要面对或参与一种具有挑战性且带有技能与技巧的活动，于是它便能使人获得无穷的乐趣。因此要想从根本上消除不良情绪就一定要从自己的工作入手，在其中倾注自己的全部热情、责任心和智慧，使工作变成一种对自己充满挑战性与刺激性的活动。

你还可以想方设法不断提升自己,以使自己的心境跟工作要求相符合,或者干脆改换岗位去做更适合自己的工作。总之,每个人都需要通过从事自己所热爱的工作来持续深入地发现、证明、创造自己,充分运用自己的心智、挖掘自己的潜能,如此就能最有效地消除烦闷情绪。

(4)丰富业余生活

如今有很多人,闲了就通过看电视、读小说、闲聊来消磨时间,业余生活安排得过于单调枯燥,其结果常常是别人活得越辉煌灿烂,就越觉得自己生活得渺小无奈。因此在业余生活中,我们同样应该具有一种积极向上的、富有创造性的挑战精神,让自己的生活过得丰富多彩。

(5)快乐从家庭开始

每个人的一生当中,大部分的时间都在家中跟家人一同度过。努力营造一个温馨幸福的家庭环境,会使你最快地解除烦闷的情绪。

(6)宣泄你内心的忧伤

一个世纪以前的英国诗人威廉·布莱克曾写过一首与自我宣泄有关的著名的诗,诗名是《毒树》。诗的第一节告诉我们倾诉的重大意义:"当我对朋友感到愤怒,我说删除愤怒,它消失了;当我对敌人感到愤怒,我没有说出,它滋长了。"当然,忧伤情绪的消除光依靠自我宣泄是不够的,还一定要加强意志力的锻炼。音乐家贝多芬曾经说过:"卓越的人一个最大的优点是,在不利的艰难境遇里始终百折不挠。"

(7)感受快乐

实际上,苦累和快乐是相伴而生的,在苦累中寻找快乐,未尝不是一种高品位的人生境界。快乐属于我们所有人，它与物质财富的多寡并没有实质性的关系；快乐是一种感受，只有感觉到，才能享受到，这就是说只有知足才能常乐；快乐是一种修养，一种大气，只要你对别人存有颗宽容的心，只要你对生活持有一份欣赏的情，你就会感知快乐，享受快乐，拥有快乐的人生。

（8）不对自己过于苛求

因为我们面对的社会竞争很残酷，每个人都有自己的抱负，都不愿意被别人落下，所以对自己高标准、严要求是很普遍的一件事。但终日的高压，甚至有些要求非自己能力所及，就会让人终日郁郁不得志。大概自寻烦恼都是这样来的。有些人做事要求十全十美，有时对自己的要求近乎吹毛求疵，或者因为小瑕疵而自责，搞得总是心情沮丧。

所以，为了避免挫折感，最好还是明智地把目标和要求规定在自己能实现的范围之内，正确估计自己的能力，懂得欣赏自己的成就。每当完成一个小目标时，就给自己鼓励，慢慢地，自信和快乐就会回到我们身边。

（9）对他人期望不要过高

心情会受到来自外界的干扰。当你把希望寄托在他人身上时，就注定快乐只剩下百分之五十了。假如对方达不到自己的要求，你一定会大失所望。

其实，每个人都有自己的优缺点、长短处，何必非得要求别人迎合自己呢？尽量把希望寄托在自己身上，那么只要你努力了，就会收获喜悦。记住，对自己寄托希望越大，努力就越多；对别人寄托希望越大，失望就越大。所以对他人期望不要过高。

（10）疏导自己的愤怒情绪

谁都会犯错，不管是因为自己的失误，还是因为别人的失误，都要制怒。当你勃然大怒的时候，首先要让自己冷静下来，人在不冷静的时候，很容易闯下更为严重的祸。与其事后懊悔，倒不如事前明智地自制。

聪明的人会把愤怒的情绪转移发泄于其他方面，比如：散步、打球、游泳等体育活动中；或者吃一颗糖，吃一块点心，让甜甜的味道回味在你发苦的嘴里；再不行，干脆倒头睡一觉，等一觉醒来，也许会发现，事情并没有你想象得那么糟。总之，当你感觉到自己要愤怒地爆发了，一定要学会克制和疏导自己的情绪，等心情平复了，再来考虑下一步怎么办。

5. 永远保持一份好心情

女人固然美在外表，但更美在气质和风采，要看她是否神采奕奕，充满健康的活力，是否对生活充满热情，内心十分充实，充满了个性的魅力。而要想拥有这些全靠你是否有好心情把它张扬出来。

心情于我们是那样重要。健康与美丽，如若没有一份好心情，犹如沙上建塔，水中捞月，一切都无从谈起。心情与我们形影不离，不，它甚至比影子的追随还要安全得多。光不存在的时候，影子就藏在深深的黑暗中了。只有心情牢牢黏附在胸膛最隐秘的地方，坚定不移地陪伴着我们。快乐的人，在黑夜中也会绽出笑容；凄苦的人，即使睡着了，梦中也滴泪。

心情是心田的庄稼。只要心脏在跳动，心情就播种着，活跃着，生长着，更迭着，强有力地制约着我们的生存状态。可能没有爱情，没有自由，没有健康，没有金钱，但我们必须有心情。

加拿大有个著名的医生奥斯勒，他把生活比作具有防水隔舱的现代邮轮，船长可以把隔舱完全封闭。

奥斯勒还把这种情形向前引申了一步。

"我主张人们要学习控制，生活在一个独立的今天之中，确保航行的安全。"

"按一个钮，并且倾听你确实已经用铁门把过去——逝去的昨天——关在身后；你再按一个钮，用铁门把未来——还没有来临的明天——给隔断掉。关闭掉过去！把死的过去埋葬掉。关闭掉那引导着傻瓜走向死亡的昨天，把未来也像过去一样关闭得紧紧地。"

"忧虑未来就是浪费今天的精力，精神的压力，神经的疲累，追随着为未来而忧虑者的步伐跌入深渊。把前面的和后面的大舱门都关得紧紧的，准备培养生活在'一个独立的今天'中的习惯吧。"

马里兰州汤生市的玛格丽特·柯妮女士，一天早上醒来，发现她刚刚装修好的地下室被水淹了，她惊慌得不知所措。

"我第一个反应，"她这样说，"是想坐下来大哭一场，为自己的损失号啕。但是，我没有这样，我问自己，最坏的情形会怎样？

"答案很简单：家具可能全泡坏了，嵌板可能给泡得弯曲不平，还留下水渍，地毯也报销了，而保险公司可能不会赔偿这些。"

"第二，我问自己，我能做什么来减轻灾情？我先叫孩子把所有可以拿得动的家具搬到没有水的车房里去。我向保险公司经纪人报告，并且用电话请地毯清洁工带吸尘器来。然后 我和孩子向邻居借了几台除湿机，使地下室能加速干燥。等到我丈夫下班回家的时候，一切都已经整理就绪了。"

"我考虑了可能发生的最坏情形，想出怎样做些补救，然后动手忙起来，做了我必须做的事。我根本没有时间忧虑。当做完这一切时，我的心里轻松多了。"

常常听到这句话："想想你自己的幸福。"是的，如果数数我们的幸福，大约有90%的事还不错，只有10%不太好。

如果我们要快乐，就要多想想90%的好，而不要去理会那10%。

其实，即使那所谓10%的不好，大部分还是由于自己想象的。如果能突破自己心灵的禁锢，又可以收获不少快乐。

德山禅师在尚未得道之时曾跟着龙潭大师学习，日复一日地诵经苦读，让德山有些忍耐不住。

一天，他跑来问师父："我就是师父翼下正在孵化的一只小鸡，真希望师父能从外面尽快地啄破蛋壳，让我早一天破壳而出啊！"

龙潭笑着说："被别人剥开蛋壳而出来的小鸡，没有一个能活下来的。母鸡的羽翼只能提供让小鸡成熟和有破壳力量的环境，你突破不了自我，最后只能胎死腹中。不要指望师父能给你什么帮助。"

德山撩开门帘走出去时，看到外面非常黑，就说："师父，天太黑了。"

龙潭便给了他一枝点燃的蜡烛，他刚接过来，龙潭就把蜡烛吹灭。

他对德山说："如果你心头一片黑暗，那么，什么样的蜡烛也无法将其照亮啊！即使我不把蜡烛吹灭，说不定哪阵风也要将其吹灭啊。只要点亮了心灯一盏，天地自然一片光明。"

德山听后，如醍醐灌顶，后来果然青出于蓝，成了一代大师。

其实，像德山开悟成佛一样，一个人想拥有快乐的心境，自己要学会清除心理垃圾，下意识地为心灵松绑，点亮自己的心灯，否则，你快乐的梦想只能"胎死腹中"。

心灵就是一座炼金的熔炉，快乐就在其中，只要将其熔炼，快乐就会闪闪发光。如果你渴望健康和美丽，如果你珍惜生命中的每一寸光阴，如果你愿为这个世界增添晴朗和欢乐，如果你即使倒下也面对太阳，那么，请锻造心情。它宁静而坚定，像火山爆发后凝固的岩浆，充满海绵状的孔隙却坚硬无比，它可以蕴涵人生的苦难，但不会被苦难所击退；它感应快乐的时候如丝如弦，体味人们的每一分感动；它凝重时如锚如链，风暴中使巨轮安稳如盘。它在一次次精彩的淬火中，失去的是杂质，获得的是坚韧。它延展着，包容着，背负着我们裸露的神经，保卫着我们精神的海洋与天空；它是蓝色澄清的内心疆域，在那里栖息着我们永不疲倦的灵魂。

6. 快乐的女人懂得知足

追求幸福、满足欲望，是人与生俱来的本能。但是，不切实际的追求，对人却是一种伤害。有的人已拥有了许多，却仍然眼盯着还没有的那些身外之物，一旦什么都有了，仍觉得缺点什么。如此一生，何谈快乐呢？

莎士比亚说："嫉妒，你使天使也变成了魔鬼。"的确，攀比嫉妒之心如同女人疯狂起来，不但毁了别人，也毁了自己。

一个形容枯槁的中年女人来到班耐尔医生的诊所。一进门她就喋喋不休地抱怨自己如何的不幸，丈夫离她而去了，工作也搞得一塌糊涂，刚刚上中学的孩子也不愿回家陪陪她，又因炒股票而欠一大笔债……

"那么，你丈夫为什么离开了你？"

"我也没说什么，只说邻居杰克很能干，又开了一家快餐店，而且生意红火得不得了，而相比之下，李奥，我丈夫简直是个笨蛋，连一个蛋糕房都弄不好还要赔本。"

"孩子们呢？"

"他们，简直不像话，每次考试总是C或D，害得我每次家长会都很没面子。"

"那你为什么要炒股票？"班耐尔继续问道。

"噢，天啊，邻居罗斯太太炒股赚了一大笔，她的那辆卡迪拉克就是炒股票赚的，她可以为什么我不可以？"

班耐尔医生问完这些问题后，没有说什么，而是给她讲了一个有关乡下老鼠和城市老鼠的故事：

城市老鼠和乡下老鼠是好朋友。有一天乡下老鼠写了一封信给城市老鼠，信上这么写着："城市老鼠兄弟，有空请到我家来玩，在这里，可享受乡间的美景和新鲜的空气，过着悠闲的生活，不知意下如何？"

城市老鼠接到信后，高兴得不得了，立刻动身前往乡下。到那里后，乡下老鼠拿出很多大麦和小麦，放在城市老鼠面前。城市老鼠不以为然地说："你怎么能老是过这种清贫的生活呢？住在这里，除了不缺食物，什么也没有，多么乏味呀！还是到我家玩吧，我会好好招待你的。"

乡下老鼠于是就跟着城市老鼠进城了。

乡下老鼠看到那么豪华、干净的房子，非常羡慕。想到自己在乡下从早到晚，都在农田上奔跑，以大麦和小麦为食物，冬天还要不停地在那寒冷的雪地上搜集粮食，夏天更是累得满身大汗，和城市老鼠比起来，自己实在太不幸了。

聊了一会儿，他们就爬到餐桌上开始享受美味的食物。突然，"砰"的一声，门开了，有人走了进来。他们吓了一跳，飞也似的躲进墙角的洞里。

乡下老鼠吓得忘了饥饿，想了一会儿，戴起帽子，对城市老鼠说:"乡下平静的生活,还是比较适合我。这里虽然有豪华的房子和美味的食物,但每天都紧张分分的,倒不如回乡下吃麦子,来的快活。"说罢,乡下老鼠就离开都市回乡下去了。

"那你的意思是说,我就什么都不去想,什么都不去做,就这样糟糕透顶下去?"这位太太盯着班耐尔的眼睛问。

"不,不,我是说,你应该在发火前,多讲讲这样的故事,然后再想办法去解决你们面临的问题,记住,我是说真正的问题,而不是在与别人比较出来的那些所谓的问题。"

听了班耐尔医生的解释,那位太太终于明白了医生暗指的意思,高高兴兴地走出了诊所的大门,脸上浮动着愉快的笑容。

俗话说:"人比人,气死人。"女人容易看到的往往是别人比自己好的地方,并因此心境难平。我们应该像那只乡下老鼠一样,更看重自己已拥有的生活,再心平气和去改进问题与不是。对于别人的优越,你再气,也于事无补。反倒是伤害了自己的身心,有什么好处呢?

对现实和已拥有的不满足,这无异于给你本来已经很沉重的生活再添一重负。如果没有知足常乐的心态,当周围的女人最近添置了什么饰物时,你就会向往,并决心超过她;当某位女同事有了什么样的房子时,你也会在老公面前发牢骚;当邻居的孩子读了什么重点学校时,你也要攀比攀比,让自己的孩子也去上……而当所有的这些不能得到满足时,你就会陷入严重的心理不平衡，或者为了得到它们而忘记做人的基本准则和规范，最后生活变得愈加沉重、愈加没有情趣、愈加感到压抑。

其实，生活中并没有多少永远属于你的东西。很多东西，会在我们的人生旅途中渐行渐远直至消失。比如青春，比如名利，比如岁月，比如财富……而更多东西，就在我们毫无预知中已悄然消逝，当我们回首时，连踪迹也遍寻不找，仿佛从来没有在我们的生命中出现过一样。因此，许多东西并不值得拼命去追求。

在生活中，许多东西都是能够让人知足的，只要你心存一份爱心。比如，一家人围坐在餐桌上吃可口的饭菜；边忙家务边看丈夫和儿女在一起嬉戏，让一天的疲劳在笑声中消失；闲暇时坐在自己的小天地里看看书、写写字，回答儿女总也问不完的问题；双休日和丈夫、儿女跨上摩托，远离城市的喧嚣，到田野、去山间感受大自然的清新；和丈夫漫步在洒满月光的小路，闻花儿的淡淡幽香，听虫儿的低吟浅唱……这些都能让你沉浸在幸福的温馨中。

如果你是一个知足常乐的女人，拥有一份自由职业，没想过要发大财，也不追求大富大贵的生活，只希望一家人和和睦睦、平平安安、健健康康，你就会心安理得地满足于生活的每一天。你会和大多数女人一样，逛逛商店，买几套合体的衣服，把自己打扮得整洁又光鲜。或者，没事时喜欢上上网，和网友聊聊天，说说心中的快乐和烦恼、听听网友们的倾诉；也进网站读读小文章，徜徉在文章真实而感人的情节里……

女人要懂得知足，只有这样，才不会在岁月里走向庸俗。想由心生，所见皆所想。心中有快乐，所见皆快乐。心中有幸福，所见皆幸福。一个知足感恩的小女人，见山山笑，见水水笑，这才是一个女人应该达到的境界。

而一个不知足的女人，总是贪恋太多、要求太多；追求更多的物质品味，想要更舒适的生活。有些时候，会因得不到贪恋的满足而心情沮丧，快乐也就与她绝缘了。

7. 努力做一个"阳光女人"

没见过一个发条永远上得十足的表会走得长久；没见过一个马力经常加到极限的车会用得长久；没见过一个绷得过紧的琴弦不易断；也没见过一个心情日夜紧张的人不易生病。所以，善用表的人永不把发条上得过足；善驾车的人永不把车开得过快；善操琴的人永不把琴弦绷得过紧；善养生的女人，永不使心情日夜紧张。

在这个世上，并不缺乏始终保持心情愉快的女人，她们似乎从来没有遇到过困难，没有产生过烦恼，像一个无忧无虑的孩子。她们乐观、积极、热情，并把自己的愉快传染给他人。其实，她们的生活未必就一帆风顺、万事如意，只不过是，她们更容易忘掉不愉快的事罢了。

科学研究表明：当一个人感到烦恼、苦闷、焦虑的时候，他身体的血压就会降低，而人心情愉快时，整个新陈代谢就会改善。烦闷、焦虑、忧伤是产生疲劳的内在因素。因此，要防止疲劳，保持充沛的精力，就必须经常保持愉快的心情，做一个"乐天派",并培养坚强、乐观、开朗、幽默的性格,具有广泛的爱好和兴趣,始终保持积极向上的生活态度。要学会调节生活,多与人沟通交流,开阔视野,增加精神活力,让紧张的神经得到松弛,也是防止疲劳症的精神良药。

所以,一个希望自己长寿、幸福的女人,除了坚持健美运动和调节饮食外,还应该心情愉快,努力做一个"阳光女人"。

那么,如何才能做一个阳光女人呢?

(1)珍惜你现在所有的

每个人都有自己的目标及梦想,这种想法无可厚非,因为每个人都有得到自己梦寐以求的东西的权利,但是这种执着的追求可能会造成困扰,那就是你忽略了今天,也就是忽略了身边美好的事物,忽略了享受生活本身。无论你的目标是结婚、变成百万富翁、改变全世界,或者成为人人尊敬的对象,都不能让它带你走上充满诱惑的路径。一旦未来比现在更有趣味,目的地的重要性就会比过程还高,于是你就会过于执着于遥远的未来,而忽略了现在,而现在才是最美好、最难能可贵的。至于目的地,就算有一天你真能达到,也会发现它竟然如此乏味无聊,实在不如从远处看得那样好。

为什么呢?因为若要达到长期目标,你必须要做一定的牺牲,但是如果这种牺牲过多,甚至剥夺了你现在应该享受的很多欢乐,就会走上自我否定的道路,从而你就会过上一种相当阴沉、毫无希望的生活,那样做一点也不明智,你用的是实实在在的现在去换取虚无缥缈的未来。

(2)让你现在的生活美好起来

如果你投注了足够的精力在你现在的生活上面的话,你可能会吸引来更好的未来，而不必去刻意地努力追求。也就是说，你已经拥有了美好的现在，不必费尽心力，美好的未来就会自动找上门来。

有一个成功的女企业家，她拥有自己的体育用品连锁店，但她感到相当内疚，觉得陪伴自己丈夫和孩子的时间不够多，然而一回到家里她又觉得自己应该多花点时间在事业上。后来在别人的帮助下，她有了全新的看法，那就是：在家全心全意地陪伴家人，在公司完全专注于工作，结果，现在她在工作上的决策品质更高，更快速，本身也更有自信，而且在家她也是一个称职的妻子和母亲，这一点对她来说很重要。在工作和生活两者之间，她选择了一个中间点，使她自己的心态达到了平衡。珍惜现在的生活比一味追求未来更容易让人感到幸福。

（3）现在我就是最好的女人

持这种心态的女人往往比较自信，也比较懂得享受现在的生活。但是现在好多人都在努力地让自己变成"更完美的人"，但是这样往往让自己失去了自己的个性，那个你期望成为的人就存在你的身上，也许现在只显露了一部分，但是时机一到，你身上那个更好的人便会绽露光芒。

自信是你身上非常正直的部分，缺点是你非常宝贵的资源，如果你有缺点，一点一点地发掘它们，再让自己在解决缺点的同时逐渐成长。这将是一场艰苦的战争，你必须紧握拳头，与自己作战。但是这样又会造成自己对自己苛刻要求，不要太强求自己，以免造成自欺欺人，直至最后失去自己。

未来不需要你去改进自己,但是需要你的成长。你必须在你的内心进行大量的不受拘束的、坦白的对话,之后慢慢努力,继续维持,让自己成长。

(4) 以轻松的态度看待计划

不是每个人都没有计划,过着松散自由的生活,但是大多数人的计划都太严谨了,对有的人来说,计划看起来很美好很合理,但是它仅仅是个目标和理想,只是内心对未来的一种期许。做计划有时候是必不可少的,但除此之外你还有许多重要的事情需要你去完成。为了成长,你必须愿意以轻松的态度看待计划,而且要快速学习。若能迅速地吸收新的想法,不要固守成规,就能让你的未来更加璀璨。成为活在当下的学习者要比专业的计划者更加成功。试想,科技以何种惊人的速度改变我们的生活?而且这种趋势绝对会持续下去,即使是十年的计划也会显得跟不上时代的变化。生活的步调变得那么快,制定计划的技巧可能在你还没有精通的时候已经过时了。因此,不要再固执于计划,不要再按部就班地要求自己,适时的改变,以一种轻松的态度去看待计划,那你的生活压力也就不那么大了。

(5) 远离老是追求成功的人

和努力奋斗的人在一起,最开始的时候应该是能够互相吸引的,因为他们的热情很可能感染你,让你也充满积极性。但是时间一长,这样的关系就很难再维持下去,因为执意追求成功的人往往会非常专注自己的事业,与他们在一起通常也会消耗你的能量,这是因为,勤奋刻苦的人往往很需要别人的鼓励,以此他们才可能走得更远。因此远离那些努力追求成功的人,如果你是一个追求洒脱的人的话,而去寻找那些能够自得其乐、生活得很有价值的人,如何找到这样的人呢?只需要你自己也是那种自得其乐,懂得运用创意凸现自己价值的人。

　　一个懂得爱惜自己的女人是应该懂得适时放松自己,所谓宠爱自己,便是时时刻刻对自己好一点,给自己做一顿大餐,给自己买一件平时舍不得买的衣服,和家人或朋友去远游一次,或者就一个人去自己喜欢的酒吧或咖啡馆享受一个人宁静的下午。这就是阳光女人,她用智慧书写人生,用爱心温暖人间;她既能照亮自己,又能照亮别人。她让人间阳光灿烂!

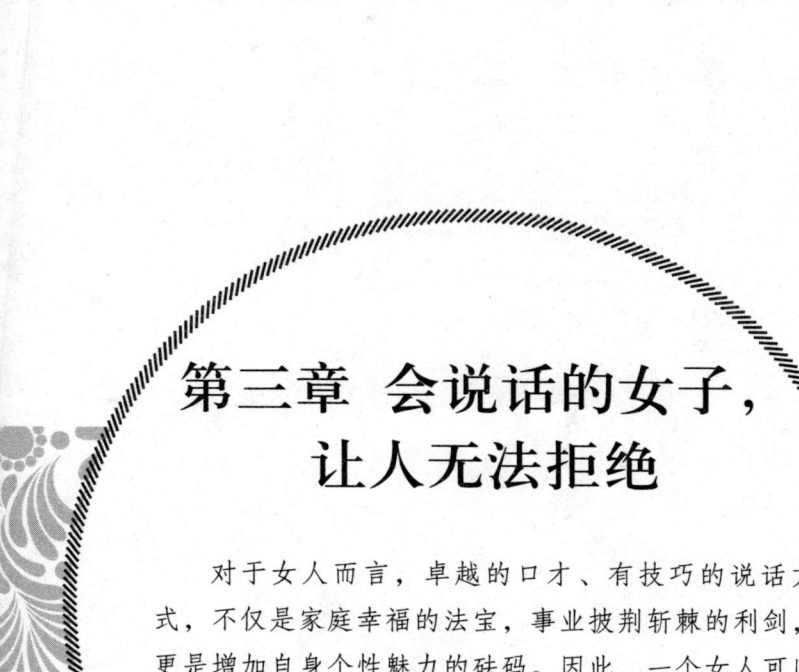

第三章 会说话的女子,让人无法拒绝

对于女人而言,卓越的口才、有技巧的说话方式,不仅是家庭幸福的法宝,事业披荆斩棘的利剑,更是增加自身个性魅力的砝码。因此,一个女人可以生得不漂亮,但是一定要说得漂亮。无论什么时候,优雅的谈吐、出口不凡的表达,一定可以让女人活得足够漂亮,成为一个受欢迎的女性!

1. 聊天是不可缺少的沟通方式

男人爱侃，女人爱聊，日常生活中，女人聊天是一种常用的套近乎方式。一般来讲，聊天是没有明确目标的，但是，跟不同行为、不同辈分的人聊天，往往会得到许多新的信息，甚至使我们触类旁通，使有些久思不得其解的问题一下子豁然开朗起来。

另外，聊天还有调节心理、愉悦情怀的奇特功效。如果你有什么事愁闷不快的话，通过和熟人的闲聊，就可以一吐胸中闷气，开释情怀，平衡心理。

聊天为相识的人沟通思想，加深对对方生活、兴趣和经验的了解提供了交流的机会，也为不相识的人提供了交际机会。总之，聊天能联结友谊，密切交往，协调关系。可以说，聊天是人际交往中不可缺少的沟通方式。

当然，闲聊并不仅仅是打发时间那般简单，女人们应该注意的一点是，闲聊并不是随心所欲的发表言论，而要把握好分寸。其中最怕的是口无遮拦，甚至变本加厉，将自己变成采编人员兼播音员，有事没事就竖起耳朵，四处打听，然后把听到的添油加醋地转播出去。这种做法很危险！你要知道，纸是包不住火的！任何无厘头的花边新闻，迟早都会传到当事人的耳中，而受害者对传播"八卦新闻"的罪魁祸首的怨恨，迟早会

发泄出来。

因此，在闲聊时应做到以下两点，如此才能避开聊天雷区，使你的人际关系网不断扩大。

（1）参与闲聊有技巧

闲聊时的第一步是做好听的准备，集中注意力，准备积极参与谈话。美国几位专家总结了参与闲聊的一些技巧，并把它概括成SOFTEN，S代表微笑（Smile），O代表准备注意聆听的姿态（Open Posture），F代表身体前倾（Forward Lean），T代表音调（Tone），E代表目光交流（Eye Communication），N代表点头（Nod）。

①微笑。笑容是善意的使者，交谈时，微笑是友好和接受的标志。许多人只注意不停地谈话，而不注意脸上无所谓或不友好的表情。这会影响你们谈话的效果。因此，在谈话时，我们应适当地展示笑容，从而使交谈更有效。

②聆听的姿态。或许在你看来，聊天关键在于谈，而与身体姿势并无任何联系。其实不然，聆听的姿态作为非语言交流形式，意在告诉人们你已做好了接受别人谈话的准备。站立时，两脚平行放置，重心在两脚之间，这样就给人你稳稳站着而不敷衍了事的感觉。若双臂或双腿交叉放置则会给人不受尊重的感觉。

③身体前倾向讲话者而不是往后仰。当然不要离得太近，侵犯他人的空间，身体在交谈时不时前倾，即表示你在专心听讲又很轻松愉快。

④说话的音调不能太低，否则会使谈话复杂起来，也不要盲目地大喊大叫。

⑤聆听之时，目光要看着对方，不能东张西望，否则会被

认为你没有专心听对方说话。

⑥如果再辅以点头等动作，别人就知道你对谈话内容很认可或很有兴趣。

（2）闲聊内容有讲究

成功的谈话不仅要选对话题，而且还得针对场合和聊天对象，这也是谈话时要注意的礼节。

虽然闲谈无法预料，但我们可以为这类即兴交谈做些准备。事先做好准备可以使谈话双方无拘无束，避免可怕的沉默，尤其是第一次会面。准备谈资的方法很多，你可以每天读一种报纸，每月读几本杂志，也要注意观察周围发生的事情、天气情况和文化动态等，还要跟踪关注本行业的最新消息。

当然了，根据人们的经验之谈，有些话题应极力避免。因为它可能会伤害他人，或者使听众不感兴趣而成为独角戏。如此也就没有交谈效果了。具体的如：

①单位的人事纠纷和涉及决策的积怨。

②个人的不幸。

③有争议的兴趣爱好。

④询问某人婚姻是否触礁。

⑤低级笑话。

⑥小道消息。

⑦争议性很大的问题。

⑧谈论别人的不幸福遭遇。

⑨谈论被解雇的朋友，而不表示同情。

⑩有关私生活的细节。

2. 用漂亮话赢得人心

会说话的女人说得人"笑",不会说话的说得人"跳"。事实上也是如此,一个会说话的女人总是讨人喜欢的,同样的话,从她们的嘴里说出来就是一颗甜丝丝的糖果,而在那些不会说话的女人嘴里就是一把伤人的刀。

女人可以长得不漂亮,但是必须说得漂亮,无论什么时候,渊博的知识、良好的修养、文明的举止、优雅的谈吐、出口不凡的表达,一定可以让女人活得足够漂亮。人们也都喜欢会说话的女人,她们说出来的话总是能让人高兴地接受,听着心里也舒坦。比如:两个女人说同样一件事,其中一个说:"她皮肤很白,但是长得太胖了。"另一个则说:"她稍微有点胖,但是皮肤很白。"假如这两句话是说你的,你更喜欢哪一种说法呢?是不是后者让人感觉更舒服?可见,同样的一句话,只是稍微改变一下说法,就可产生完全不同的效果。

因此,女人要会说话,就要掌握各种说话的技巧和艺术,通过说话来展示自己的魅力,让大家都喜欢你。以下几点可供借鉴:

(1)恰到好处地说"谢谢"

"谢谢"这个词,很多时候都会使你产生意想不到的魅力。但你说"谢"字必须诚心诚意,并要让人感觉到这一点。道谢时要指名道姓并且直截了当,不要含糊不清,也不要不好意思。要养成找机会感谢别人的习惯，尤其当别人没有想到时，一句出人意料的真心地感谢话，会让人满心欢喜。但要注意千万不要虚假客套，那样别人会感觉得出来，并且觉得不舒服。

（2）多赞美，多说高兴事

与他人相处时，应尽可能地赞美他人的优点，多谈愉快的事情。赞美和鼓励会使别人对你满怀好感和谢意。当然，吹捧和奉承是会令人反感的。与别人谈话要使双方都感到愉悦，这样的谈话才可能很好地继续下去。

（3）表达不同意见要有策略

当你要表达不同意见的时候，千万不要认为只有自己最高明，当然也不要心里有意见，也不能人云亦云，而要诚恳地表达自己的看法，同时又不得罪人。这就要求你说话要温和委婉，尽量不要触怒对方，给对方足够的面子，同时也让他明白你的想法。

（4）善于了解对方的情感

只有在了解了对方的心理和情感的基础上，才有可能正确地选择该讲什么、不该讲什么，使对方与你产生共鸣，使说话的气氛变得轻松愉快。因此，我们在同别人谈话时，要根据对方的心理及时调整自己的心理和情感，注意自己的神态举止和措辞，让别人乐于听你讲话。

（5）做一个高明的听众

虚心地听别人讲话，不光是听语言，还要听语调。一个会说话的女人往往也是一个高明的听众，如此对方才会愿意把你当作知心朋友，愿意向你吐露心扉。一个自高自大、目中无人的人，是不会受到欢迎的。

（6）善用身体语言

你的表情、手势甚至无意中的动作，都会对别人产生作用，你要注意这一点并加以适当运用。一种表情、一个手势、一声叹息等，会说话的人常常会用这些来代替难以说出的话或弥补语言的不足，表达难以言状的情感。但要注意恰到好处，否则就成了矫揉造作、自作多情了，那会让人厌恶的。

（7）措辞尽量简洁高雅

不要讲让人难懂的词，不要滥用术语，不要说自己也不懂的话，同样的言辞不可用得太频繁，不要运用流行语的口头禅，不要讲粗俗的话。你要尽量使用适合对方的话，多使用能使对方感觉轻松愉悦的话，尽量简明扼要地表达自己的意思。如果你在说话时能措辞简洁、生动、高雅又贴切，那么你就会成为一位说话高手。

（8）说人不说短，恭维不过分

人群相聚，难免闲聊，天上的星河、地上的花草、昨天的消息、今日的新闻，往往都是绝好的谈资，何必非要东家长西家短地无事生非呢？同样，对人客气本是一大优点，但过分的客气就让人不舒服了，会让人觉得缺乏诚意。恭维他人的话也一样，一不能乱说，二不能不分对象地套用同一种说法，三不可多说。

（9）不可过分自夸

赞美的话，若出自别人的口，那才有价值。如果自己说了，别人会看不上你的。而且一般来说，人们总是对自己所经历的事情感兴趣，对与自己无关的事不会太关心，因此在与别人交谈时，尽量少谈自己，不要喋喋不休地夸耀自己的工作、生活、孩子等等。除非双方都感兴趣，否则还是谈点别的话题为佳。

（10）开玩笑要适可而止

开玩笑不要过头，要懂得适可而止。不是说相熟的朋友在一起不可以开玩笑，但在开玩笑前，先要注意你所选择的人是否能接受得起你所开的玩笑。而且开玩笑，说几句话就罢了，不要无休无止，不可令对方难堪。因为开了一句玩笑而让大家不欢而散的话，那就没什么意思了。

（11）注意多充实自己

仅仅具备一般的谈话技巧是不够的，还要注意不断学习各方面的知识，多读多看多听。只有这样，你才能不断有新鲜的话题，而且不论同什么人都能进行饶有兴趣的谈话。

3. 选个好话题很重要

许多女人对谈论的话题存在着误解，以为只有那些风趣、幽默或令人震惊的事件才值得谈起。其实，只要你稍加留心，身边的一些小事都可以让你们双方谈得兴高采烈、意犹未尽。

两个人萍水相逢，素昧平生，该怎样沟通呢？有人感到拘束无比，羞于启齿；有人觉得找不到共同话题，无法交谈。他们或局促一角，尴尬窘迫；或欲言又止，话不成句；或说话生硬，使人误解……

之所以出现这种现象，除了缺少和陌生人说话的勇气和信心外，彼此找不到共同的话题也是一个重要的原因。好的话题，是初步交谈的媒介，深入细谈的基础，开怀畅谈的开端。一旦找到合适的话题，就能使谈话融洽自如。

两个中年妇女从浙江某县城上车，坐在同一条长椅上。

"你好，请问你在什么地方下车？"其中一人问对方。

"到终点站，你呢？"

"我也是，你到浙江什么地方？"

"我到杭州找我丈夫，你就是此地人吧？"

"不是的，我是从外地来走亲戚的。"

经过双方的言语试探，双方都对浙江很熟悉，又都是外来者，这样她们的共同点就彼此清晰了。两个人发现对方的共同点后谈得很投机，下车后还互邀对方做客。

那么，该如何寻找合适的话题呢？你不妨从天气、籍贯、兴趣和衣着等方面着手。问对方这些方面的问题不易触及对方敏感处。

例如：

"你故乡是哪里啊？"

"扬州。"对方回答。于是，你就顺着扬州往下发挥："那是个不错的好地方呢，不但风景美丽，住在那儿的人们也颇富文人气息。"

"是啊，咱们扬州……"谈起家乡，对方很快兴奋起来。

如此这般，你就轻松地让对方打开了话匣子。

或者，你可以说："今天天气真好，如果能外出郊游，一定很不错。"

"是啊，你喜欢爬山还是游泳？"对方配合得不错。

"我喜欢爬山……"顺势类推，绝对能找出源源不断的话题，甚至觉得意犹未尽呢。

可见，一个懂得沟通技巧的人，总是能找到一些有趣的话题。哪怕是刚见面的陌生人，也能很顺利地进行沟通，这就是人们常说的"自来熟"。

俗话说得好"一回生二回熟。"若要衡量同陌生人第一次谈话的成败，首先要审视交谈的话题，因为话题的好坏，直接影响了交谈的结果，是交谈的第一要素，不容轻视，更不能忽视。一般情况下，谈话要选择一些容易引起对方兴趣的话题，这样有利于创造一个轻松活跃的谈话氛围，使交谈得以深入、友谊得以发展。

在交际中，我们对每一次交谈的话题都应该精心选择，不应随心所欲张口就来，若如此，在还未进入交谈内容，就已经危机四伏了。

但在具体选择这些话题时，要顾及谈话对象。一个话题，只有让对方感兴趣，谈话才有维持和继续的可能。比如，自己是球迷，就切莫以为别人都是球迷。逢人就谈球赛，遇到对球不感兴趣的人也大谈特谈，让对方感到索然无味、失去兴趣。

现代年轻人的话题总是局限于流行的服饰、时代的潮流等，有的人除了流行以外，对其他的话题都不感兴趣，这种做法已限制了话题的范围。那么怎么才能让自己成为说话的高手，又怎能成为受人欢迎的人呢？

美国女记者芭芭拉·华特，初遇美国航空业界巨头亚里士多德·欧纳西斯时，见他正与同行们热烈讨论着货运价格、航线、新的空运构想等问题，芭芭拉没法插上一句话。在共进午餐时，芭芭拉灵机一动，趁大家谈论业务中的短暂间隙，赶紧提问："欧纳西斯先生，你在海运和空运方面都取得了伟大的成就，这是令人震惊的。你是怎样开始的？当初你的职业是什么？"这个话题一下叩动了欧纳西斯的心弦，他立即同芭芭拉侃侃而谈起来，动情地回顾了自己的奋斗史。

选择话题，除了注意对方的需求外，还要小心避开对方的禁忌，尽量选择"安全系数大"的话题。每个人除了有若干"禁区"外，还存在"敏感地带"，谈话中都应当小心避开。譬如，不幸者忌谈他遭受不幸的往事、失恋者忌谈爱情与婚姻问题、残疾人的家庭忌谈家中的那位残疾者等等。有时，与医生、律师等专业人士交谈，在他们工作以外的时间里，不宜谈过分具体的专业话题，如什么病该怎么医治，什么纠纷该怎么处理等。同要人交谈，往往忌谈政治、宗教和性的问题。对于一些很难处理的"敏感话题"，一般要尽量避而不谈。

某文艺编辑曾讲过一段故事。她邀一位名作家写稿，该作家非常难合作，各报社的编辑对他大伤脑筋。因此，这个编辑在见面前也相当紧张。

一开始果不出所料，各说各的，怎样都谈不拢。闹得编辑很是头痛，只好打定主意，改天再来。

这一次，编辑把几天前在一本杂志上看到有关作家近况的报道搬出来，并说："您的大作最近要翻译成英文，在美国出版了。"作家见对方如此关心自己，就很感兴趣地听下去。编辑又说："您的风格能否用英文表现出来？"作家说："就是这点令我担心……"他们就在这种融洽气氛中继续谈下去。

本来已不抱希望的编辑，此时又恢复了自信，获得了作家答应写稿的允诺。

我们可以看出，在交谈中处于劣势的一方常常是寻找话题的责任者。例如，在求人办事的过程中，求人者需要仔细挑选交谈的话题；在谈生意的过程中，希望合作的一方则有选择交谈话题的义务；至于在情侣的交谈场合中，往往会听到有些女人喋喋不休地谈论这种或那种的事，而单位如何如何，通常是最常见的话题。那么，如果这对恋人是在同一个单位服务的话，这倒是个很不错的话题；否则，一定会使对方觉得无味。

总结起来，一般而言，以下几种话题，容易引起大家的谈话兴趣：

（1）与谈话者自身利益密切相关的话题；

（2）与谈话者兴趣、角色相关的话题；

（3）具有权威性的话题；

（4）新奇的话题；

（5）某些特殊的话题；

（6）社会和他人禁锢、保密、敏感的话题。

就算是刚认识的陌生人，彼此也一定有许多相同的地方。

或是共同的兴趣爱好，或者是在籍贯、经历方面有相似的地方。总之，共同的话题可以有很多很多，只有你多花些心思，多一些锻炼，肯定能够找得到。

4. 幽默的女人受欢迎

面对人际交往中的困窘，面对求人办事时的难堪，面对伴侣吵闹，恋人的不悦与拒绝，熟人朋友的刁难，上级的批评与指责……怎么办？是叹声叹气还是驱寒为暖、巧言相悦？这时你应该想到一个快乐的法宝——幽默，它会在你的生活中溅起快活的涟漪。

一天，李玲的老板在圆桌会议上气急败坏地大叫："这次促销如果又泡汤了，我要把你们一个个扔进海里喂鲨鱼……"这时，李玲缓缓地站起来，转身欲走，老板问："你要去哪里？"原先是要去洗手间的李玲即兴改口说："学游泳！"众人大笑，紧张的气氛马上缓和下来，老板也笑了："真是的，你以为我真的忍心把你们扔进海里……"

李玲使用的是即兴发挥幽默术，实际上她脑子里进行了一系列快速的思维活动。假定扔海里是真——喂鲨鱼要死——怕死——学游泳。也许是怕淹死，也许是怕被鲨鱼吃掉，但学游泳对逃避这两种危险肯定有用。经过这一系列的联想,她所说的话就有了幽默味,自然也引得众人大笑。

一般来说,幽默是一种引人发笑和发人深思的诙谐而滑稽的言行。幽默最能引发笑声,带来愉悦的氛围,在这样的环境中,烦恼变为欢畅,痛苦变为愉快,尴尬变为融洽。

一对夫妇结婚已经有十余年了,每个月他们都要给双方的父母寄生活费。这件事一直由丈夫承办。可是丈夫却每个月给自己的父母寄200元,给妻子的父母寄100元。妻子一直愤怒在心,却也不想因此而与丈夫闹矛盾。

以前,妻子每天下班,什么事都不干,总要先抱抱小女儿,亲抚半天。可这天回家后,她见到1岁半的小女儿正在摇车里哭,却假装什么也没看见,什么也没听到。她一反常态地走到5岁儿子的身旁,把儿子伸手抱了起来。

这一幕被从书房里出来的丈夫看见了,急忙喊道:"女儿都哭成那样了,你怎么还不赶紧去哄哄她呢?"

妻子不紧不慢地说:"这100块钱的,还是你来抱吧!我要抱200块钱的。"

聪明的妻子风趣而又不失原则地请丈夫进入了自己所预设的易位"圈套",没有累续长篇地发牢骚,却弦外有音地暗示了事情的实质和自己的不满情绪。

以后每月丈夫也给妻子的父母寄200元了。

运用幽默语言进行善意的批评,既达到了批评的目的,又避免了使对方难堪的局面。幽默可谓是人际交往的润滑剂。学会恰当地运用幽默,会使人与人之间的沟通更加顺利,人际关系更加和谐。幽默是我们生活的调味料，它使我们的生活更加有滋有味。但是，再好的调味料都不可滥用，就好比用盐，用一点可以使菜味鲜美，但用得过多便会让人难以下咽。在沟通时，幽默要运用得当，方可发挥它的魅力。

那么，怎样培养幽默感呢？女人应该努力培养以下几种素质和能力。

（1）达观的人生态度

有人说："幽默属于乐观者和生活中的强者。"这话很有道理。幽默的谈吐是建立在女人思想健康、情趣高尚的基础之上的，对人提出善意的批评和规劝，就必然要求批评者有较高的思想境界和较佳的修养。一个心地狭窄、思想颓废的女人不会是幽默的人，也不会有幽默感。女人有了高尚的情操和乐观的信念，才能对一些不尽如人意的事泰然处之。

（2）良好的文化素养

一个女人的幽默谈吐是同她的聪明才智紧密相连的。如果一个女人对古今中外、天南地北的历史典故、风土人情等各种事情都有所了解和掌握，再加上较强的驾驭语言的能力，说话就会生动、活泼和谐趣。幽默并不是矫揉造作，而是自然地流露。有人非常有见地且深有感触地说："我本无心讲笑话，笑话自然从口出。"其中的道理正说明了这一点。如果一个女人对实际事物，对历史知识所知甚少，或者是孤陋寡闻、离群索居、深居简出，那她是很难具备幽默的智慧的，当然也就谈不上有幽默感了。

（3）敏锐的观察力

反应迅速是幽默谈吐的特点之一，这就要求女人思维敏捷、能言善辩，要具备这两项能力，就需要女人对生活深刻体验和对事物认真观察。因为谈吐幽默，应做到意料之外，情理之中，必须能够把一件平凡的事物由里往外、由外往里看个透，一两句话道出那讳莫如深的引申之意，从人们熟视无睹的现象中创造出别人所不曾问津的东西。

（4）良好的沟通力

一个女人的幽默感与她的社会活动紧密相连，要使自己谈吐风趣，最好的办法是向生活学习。在跟各行各业的人聊天时，女人会发现他们运用语言之妙。在接近他们的过程中，女人要留心观察他们的言行举止，这样，时间一长，就会增强自己语言的库存和幽默的才能。

（5）对幽默感的掌控力

女人在与人的交往中要幽默风趣，但切忌出语油腔滑调或低级趣味。虽然我们不能苛刻地要求幽默的语言都有深刻的思想意义，但一定要健康，切莫庸俗、轻浮，更不能混同无聊的调笑。女人要知道，幽默的出发点应当是善意的。

5. 倾听的女人是迷人的

倾听的女人是迷人的。她温柔的注视，她赞同的频频点头，她始终保持微笑的表情，会让每一个倾诉者为之赞美和欣赏。

古人将那些善于倾听的女人名为解语花，真是一个绝妙好词。聪明的女人不但是一朵鲜艳的花，更重要的是一朵解语花。

每一个人都渴望被倾听,当一方在侃侃而谈时,他总是希望对方在专心致志地聆听。只有感觉到别人对自己的欣赏时,一个人才会更加自信。因此,学会聆听,做一个合格的聆听者,不仅是一种与人交往中的文明礼貌行为,也是表达对他人的欣赏和帮助他人建立自信心的重要方式,同时也将有助于自己获取信赖,赢得友谊。倾听者的魅力在他人面前会迅速倍增。

"倾听,你倾听得越久,对方就会越接近你。据我观察,有些业务人员喋喋不休。上帝为何给我们两个耳朵一张嘴?我想,意思就是让我们多听少说!"凯丽娜·吉拉德对这一点的感触很深,因为她从她的客户那里学到了这一道理。

凯丽娜花了近半个小时才让一个客户下定决心买车,而后,凯丽娜所需要做的只不过是让他走进凯丽娜的办公室,签下一纸合约。

当两人向她的办公室走去时,那人开始向她提起他的儿子,因为他儿子就要考进一个有名的大学了。他十分自豪地说:"凯丽娜,我儿子要当医生。"

"那太棒了。"凯丽娜说。当他们继续往前走时,凯丽娜却看着其他的人。

"凯丽娜,我的孩子很聪明吧,"他继续说,"在他还是婴儿时我就发现他相当聪明。"

"成绩非常不错吧?"凯丽娜说,仍然望着别处。

"在他们班是最棒的。"客户又说。

"那他高中毕业后打算做什么?"凯丽娜问道。

"我告诉过你的,凯丽娜,他要到大学学医。"

"那太好了。"凯丽娜说。

突然,那人看着她,意识到凯丽娜太忽视他所讲的话了。"嗯,乔,"他说了一句,"我该走了。"就这样他走了。

第二天上午,凯丽娜给那人的办公室打个电话说:"我是凯丽娜·吉拉德,我希望您能来一趟,我想我有一辆好车可以卖给您。"

"哦,伟大的业务员小姐",他说,"我想让你知道的是我已经从别人那里买了车。"

"是吗?"凯丽娜说。

"是的,我从那个欣赏、赞赏我的人那里买的。当我提起我对我的儿子吉米有多骄傲时,他是那么认真地听。"

随后他沉默了一会儿,又说:"凯丽娜,你并没有听我说话,对你来说,我儿子吉米成不成为医生并不重要。好,现在让我告诉你,你这个笨蛋,当别人跟你讲他的喜恶时,你得听着,而且必须全神贯注地听。"

顿时,凯丽娜明白了她当时所做的事情。凯丽娜此时才意识到自己犯了个多么大的错误。

"先生,如果那就是您没从我这儿买车的原因,"凯丽娜说,"那确实是个不错的理由。如果换我,我也不会从那些不认真听我说话的人那儿买东西。那么,十分对不起。然而,现在我希望您能知道我是怎样想的。"

"你怎么想?"

"我认为您很伟大。我觉得您送儿子上大学是十分明智的。我敢打赌您儿子,一定会成为世上最出色的医生。我很抱歉让您觉得我无用,但是您能给我一个赎罪的机会吗?"

"什么机会?"

"如果有一天您能再来,我一定会向您证明我是一个忠实的听众,我会很乐意那么做。当然,经过昨天的事,您不再来也是无可厚非的。"

3年后,他又来了,乔卖给他一辆车。他不仅买了一辆车,而且也介绍了他许多的同事来买车。后来,凯丽娜还卖了一辆车给他的儿子——吉米医生。

看来做一个谦虚忍耐的听者,是谈话艺术当中一项相当重要的条件。因为能静坐聆听别人意见的人,必定是一个富于思想和具有谦虚柔和性格的人。这种人在人群之中,起初也许不大受注意。但最后则是最受人尊敬的。因为他虚心,所以,为任何人所喜悦;因为他善于思维,所以,成为众人所信仰。那么,怎样做一个良好的听者呢?第一是要真诚。别人和你谈话的时候,你的眼睛要注视着他,无论对你说话的人地位比你高或低,眼睛注视着他,是一件必要的事情。只有虚浮、缺乏勇气或态度傲慢的人才不去正视别人。别人对你说话时,不可做着一些绝无必要的小动作,使对方认为他的话无关紧要。

愿意倾听别人,就等于表示自己愿意接纳别人,承认和重视别人。如果你能面带微笑,用一种专注而又迫切的眼光看着他,那会让人感觉你是欣赏他的。在这种氛围里,对方会充分地展现自己。如果一个人总善于让别人在你面前有一种强烈的表现欲,那你定能主动、积极地做个好朋友,做个好领导。如果一个职员向你这个经理提建议,即使开始还有点紧张,但你的倾听会使他马上感到放松和自信。倾听是一种无言的信任。

注重倾听的人总是善于理解和沟通的。当一个为成功而喜悦的人面对一个微笑着倾听的朋友时,他会感到这位朋友是理解他的,也是为他而高兴的。当一个因失恋而愁眉苦脸的人面对一个表情凝重而专注倾听的朋友时,她会感到自己的痛苦朋友能理解,虽然朋友没能提出如何重获爱情的好建议,但她已感到自己得到了一点心理安慰。倾听是一种愿意和朋友分担喜悦或忧愁的表示。

注重倾听的人肯定是其他人成功或失败时首先寻找的对象,他们有话会对你说,有苦会向你诉,他们毫不顾忌地向你敞开心扉。通用公司的全体员工平均每人一年要提出十个左右的建议,可以肯定公司的经理们个个都是善于倾听的。

每个人要做到善于注重听还得注意一些技巧。

(1)耐心的耳朵

不要在别人说话的时候打断别人,任由自己发挥。这种不礼貌的行为会扰乱对方的思路或者抢了对方的风头,因此让他耿耿于怀。时刻记住:当别人说话时闭上你的嘴!让你的耳朵保持顺畅。

即便对方言语乏味,你也要耐着性子聆听。因为别人对你说的话不会感兴趣,除非他已经说完。

(2)虚心的精神

不管你的地位高于还是低于对方,都要特别注意自己听话时的诚意和态度,且必须以真诚、虚心的态度来倾听,否则你永远不能了解到隐藏在这些言语后面的真实情况和别人内心的想法。

面对下属的牢骚或抱怨，甚至是偏激的用语，上司如果态度冷漠，摆出高傲的姿态，爱理不理，他将失去了解隐藏在这些怨言背后情况的机会；当孩子兴致勃勃地讲述和表达自己观点的时候，如果父母心不在焉，根本就不当一回事，时间一长，孩子就会疏于和家长交流，甚至对自己的表达能力自卑；老人的叮嘱若总被晚辈认为是啰唆的废话，两者的代沟会越来越深；夫妻如果总不屑于听取对方的建议，终会因为不信任产生隔阂，重则感情决裂。

高傲和自以为是让人厌恶和排斥，只有虚心才能给人平等和尊重的感觉，这才是获得好人缘的基础。

（3）表情是面镜子

让你的表情和对方的神情与内容一致。如果对方说出的是幽默笑话而你却一脸愁苦，别人势必认为你在想自己的心事。如果对方讲到紧张处的时候你能屏声静气，那无疑会让对方产生一种成就感。

总之，用你所有的感官去倾听，这样才是真正充分利用了这门艺术并发挥到了极致。

6. 批评别人要讲究窍门

当我们赞美一个人的时候，总会得到对方的好感，但若批评一个人，那么即便对方真的犯了错误，他也会从心里排斥批评，并对批评者心怀不满。可是很多时候批评是无法避免的，要想使对方不产生排斥心理，你必须注意批评的方式方法。女性朋友们若能做到批评有方有法，不仅不会被对方排斥，反而会增强自己的气场。

佳妮是公司营销部的经理，身经百战的她，在谈判桌上是胜利者，在私底下也是下属心中的"偶像"。

佳妮每当发现下属犯错误或工作没有做到位时，她从来都不会当众训斥他，而是把他叫到公司的休息区，边喝咖啡边聊天。而且，这样的谈话往往开头都是一样的，"你最近工作很努力，成绩有目共睹，客户都很满意。但是……"虽然重点从来都是"但是"后面的话，但佳妮从来都不会一上来就把哪些地方做得不好说出来，而是先肯定对方的成绩，再把不足之处指出来。这样一来，既不会让对方觉得难堪，又会让他很有成就感，他会记住经理指出的问题，并很快改正。

这样的处事方法让佳妮在公司员工中颇有威信，部门的销售额也是步步攀升，很快佳妮又得到了升迁的机会。

批评是一种艺术，批评别人而要使其口服心服，就要讲究窍门，以下几种方式女性朋友们应该有所了解，这会对你气场的提升很有帮助。

（1）劝告式批评

批评是一剂"苦药"，虽利于"病"，但是没有一个人愿意领略那逆耳的批评。如果我们换一种方式，把逆耳的批评变做善意的劝告，那样"喝药"的人会高兴地喝下，"病"也会除去。

（2）模糊式批评

某单位召开员工大会，目的是为了整顿近期松散的劳动纪律。会上领导说："最近一段时间，我们单位的纪律总的来说是好的，但是个别同志的表现却很差，个别人还有迟到早退、上班时间聊天的现象……"这位领导运用模糊语言，如"最近一段时间""总的""个别"，既把存在的问题指了出来，又照顾了别人的面子。虽然领导没有指名，但实际上还是等于指名了，并且说话又具有某种弹性。这种说法往往比直接点名批评的效果好得多。

（3）暗示式批评

如果想让对方接受你的意见，就最好用暗示。很多人犯了错之后为了不在众人面前丢脸，都不想将自己的错误公开。虽然有虚荣心在作怪，但也有可贵的自尊心。当我们运用暗示为一个人保有自尊心，一方面让他明白你已知道他所犯的错误，同时也提醒他不可再犯。那么这样的批评比大声地批骂更有效。

（4）安慰式批评

小李刚毕业就应聘到一家公司做秘书，但由于缺乏经验，常犯一些错误。为此，经理运用安慰式的批评对她说："现在你做错一些事，自然是难免的，我像你一样刚参加工作的时候，也是什么都不懂，也做错过很多事，我相信只要你能认真努力地做，等到了我这个年龄的时候，你一定会超过我的。"

（5）请教式批评

面对认识及判断能力较强的人，切忌以居高临下的态度去训斥和指责他们，因为这会引起他们的反感。应该以诚恳、平和的态度，热情的关怀去帮助和引导他们，言语要饱含深情，诱导其主动改正错误。

（6）幽默式批评

在工作或生活中，我们需要肯定地表达自己的观点。在受到某种不合理的阻挠或不公正的待遇时，我们应该表明自己的想法，如果运用幽默的话效果会更好。

著名电影导演希区柯克有一次拍摄一部巨片。这部巨片的女主角是个大明星，而且长得特别漂亮。她对自己的形象可说是"精益求精"，不停地唠叨着让摄影师注意角度问题。她一再地对希区柯克说："你一定得考虑我的恳求，务必从我最好的一面来拍摄。""抱歉，我做不到！"希区柯克大声说。"为什么？""因为我没法拍摄到你最好的一面，你正把它压在椅子上！"如此一来，既表明了自己的想法，又避免了尴尬。

（7）善意式批评

善意式的批评是朋友式的善意提醒，是发自内心的关怀，有如春风化甘雨，能滋润犯错者那片干涸的心田。由于这种批评是柔和的，所以很容易被人所接受。

（8）三明治式批评

三明治式批评，就是厚厚的两层表扬，中间夹着一层薄薄的批评。即表扬——批评——再表扬。这种批评方式，易被批评者接受，而且效果较好。因为在人们的认知里批评是一种否定，表扬是一种肯定。三明治式批评，用了两个肯定，一个否定。肯定的多，否定的少，使被批评者心理容易平衡。实际上，批评并不是否定，而是对一个人的帮助与改进。

（9）比喻式批评

不直接批评犯错误者，而是采取打比方的方式，让他自我对照，认识到自己的错误。这种方法可以消除犯错者的疑虑和恐惧，使其自然地接受批评并加以改正。

（10）迂回式批评

心理学家威廉·詹姆士说："人类本质中最殷切的需求是渴望被肯定"。所以我们应创造一个和谐的交谈氛围，让他感受到你并没有因他犯错而另眼相看，再对其进行批评，就会显得合情合理，从而促使他产生自省，产生改正错误的愿望。

（11）间接式批评

妻子买了一件衣服征求丈夫的意见，丈夫觉得这件衣服的颜色太鲜艳了，妻子穿起来不太合适。如果直接批评就会说："一把年纪了还穿这么鲜艳的衣服，岂不成老妖婆了？"当然收到的效果肯定是伤害了妻子的自尊心。但是如果间接地指出否定的意见，比如说："不错，颜色可真鲜艳，如果女儿穿的话会更好看，这个颜色很适合她。"效果会好很多。

（12）建议式批评

用建议，而不用命令，不但能维持对方的自尊，而且能使他乐于改正错误。"你觉得这样做行吗？""这个问题这样做好不好？""还有更好的解决方法，你说是吧？"总之，当我们用建议式的方法提出批评时，不仅表明了自己的态度，同时也找了个合适的理由让对方保有面子。这样一来，对方会愉快地改正错误。

掌握了正确的批评方式，就能收到良好的批评效果，那么这些方式如何恰当地运用呢？这就要求我们讲究批评的原则，只有这样才能让别人愉快地接受，从而改正错误，向正确的方向发展。

首先，批评要分场合。是人都不喜欢在众人面前丢人，让自己成为众人的笑柄。没错，你的批评是善意的，但不分场合地乱批就是你的错。一对一的批评效果肯定会比一对二或一对多的批评效果好。

其次，对事不对人。批评只能是对他所犯错误进行改正而进行的，万不可加进个人的成见。否则你的批评就是不客观的，那么别说是让别人改正错误了，还有可能会在你与他之间引起矛盾。

再次，批评不能新账旧账一起算。失败的过去谁都不愿别人一而再再而三地提起，毕竟那是自己的伤疤，揭起来或许不会很痛，但是肯定会有不舒服感。可是一旦新错和旧错加在一起时，就会使人失去信心，觉得自己一无是处，也会让人觉得你是有意打击而激起反抗心理。

最后，提出有效的意见。在批评中提出有效的意见，会让对方觉得你真心实意地想帮他改正错误，同时当你提出有效的意见时，也削弱了批评中的否定因素，让人在不知不觉中接受你的批评，并采纳你的意见。

在批评的讲究技巧、讲究原则，那么无论你使用何种批评手段，都能收到预期的效果。

7. 让你的声音充满个性和魅力

作为女人要注意：请求别人时礼貌些、告诫别人时婉转些、对人说话时温和些、与人交谈时小声些。这样，既为别人也为自己的形象，更为我们的社交处世营造出一个文明、和谐的环境。

虽然遗传因素决定了一个人的声音，但是你还是可以通过后天的努力，让其优美。想想那些影视歌星们，她们充满个性和魅力的声音无不是他们受欢迎的原因之一。

良好的词汇能使你的谈话活泼生动，不过这都得靠声音传送。遣词与声音决定了女人的沟通能力，以及公众对女人的看法，这种影响不论是公事或与朋友交往都无时不在。

托德妻子的脾气很暴躁。一天，因为家里的猫把碗打碎了，他妻子便开始大声骂起来。她的声音实在是很高，而且极有穿透力，连整栋居民楼的人都听见了。如此刺耳的声音，感觉就像尖锐的铁器划在了锅底上。

托德连忙把书和椅子搬到阳台上大声地朗读起诗歌来。他的儿子带着取经一般虔诚的神情问他的父亲："爸爸，这个方法管用吗？根据我的经验，她的声音只会比你的更高！"

"对，不会管用，这个我也知道，但是至少这里的人们不会猜疑是不是我拿着刀在割她的脖子！"

首先，这里所说的"先声可以夺人"，并不是让你用托德妻子那样的声音去"激荡人心"，要告诉你的是：借助优美、悦耳的声音你能成为一个招人喜欢的女人。

很多人完全不晓得自己的声音听来怎样，当有机会听到自己的录音时，通常会大吃一惊："这是谁的声音？我的声音不是这样的。"事实上，我们平常所听到的只是自己说话声的回响,和别人从外界听到的不一样,也和录音带里的声音不同。

有时说话声音难听,恐怕自己也很难察觉到,由于家人和朋友都已习惯你的声音,所以并不在意,也不会告诉你,他们的想法。懂得如何美化声音是宝贵的资产,因为难听的声音可能阻碍事业发展,也必然影响人际关系。得体的表达,不仅仅表现在口若悬河、口舌生花,更要让人听得顺耳。叫人着迷的语言还应该表现在说话发音、说话的语调、说话的节奏、说话的音量及说话的速度等方面。

(1)注重自己说话的语调

语调能反映出一个人说话时的内心世界、情感和态度。当你生气、惊愕、怀疑、激动时,你表现出的语调也一定不自然。从你的语调中,人们可以感到你是一个令人信服、幽默、可亲可近的人,还是一个呆板保守,具有挑衅性,好阿谀奉承或阴险狡猾的人。你的语调同样也能反映出你是一个优柔寡断、自卑、充满敌意的人,还是一个诚实、自信、坦率以及尊重他人的人。

无论你谈论什么样的话题,都应保持说话的语调与所谈及的内容互相配合,并能恰当地表明你对某一话题的态度。要做到这一点,你的语调应能:

①向他人及时准确地传递你所掌握的信息;

②得体地劝说他人接受某种观点;

③倡导他人实施某一行动;

④果断做出某一决定或制定某一规划。

(2)注意你的发音

我们所说出的每一个词、每一句话都由一个个最基本的语音单位组成,然后加上适当的重音和语调。正确而恰当地发音，将有助于你准确地表达自己的思想，使你心想事成，也是提高你的言辞智商的一个重要方面。只有清晰地发出每一个音节，才能清楚明白地表达出自己的思想。

相反，不良的发音将有损于你的形象，有碍于你展示自己的思想和才能。如果你说话发音错误并且含糊不清，这表明你思路紊乱、观点不清，或对某一话题态度冷淡。当一个人没有很大的激励作用而又想向他人传递自己的信息时通常如此。令人遗憾的是，许多管理人员经常出现发音错误并养成了一种发音含糊的习惯。有些人养成了他们自以为是的一种老板式的说话腔调，说话哼哼嗯嗯，拖腔拉调。他们还以此为得意，认为这样才体现出自己的威严及与众不同。但其结果可能是适得其反，因为这种"官话"会使下属感到极不自然，从而产生一种本能的抵制情绪。

（3）不要让发出的声音尖得刺耳

我们每个人的音域范围可塑性很大，有的高亢，有的低沉，有的单纯，有的浑厚。说话时，你必须善于控制自己的声音高度。高声尖叫意味着紧张惊恐或者兴奋激动；相反，如果你说话声音低沉、有气无力，会让人听起来感觉缺乏热情、没有生机，或者太过自信，不屑一顾，或者让人感觉到你根本不需要他人的帮助。

有时，当我们想使自己的话题引起他人兴趣时，便会提高自己的音调。有时，为了获得一种特殊的表达效果，又会故意降低音调。但大多数情况下，应该在自身音调的上下限之间找到一种恰当的平衡。

（4）不要用鼻音说话

当你用鼻腔说话时，发出的声音让听者十分难受。在日常生活中，我们经常听到"嗯……哼……嗯……"的发音，这就是鼻音。如果你使用鼻腔说话，第一次见面时绝对不可能引人好感。你让人听起来似在抱怨、毫无生气、十分消极。有些人将"哼嗯"这种鼻音视为一种时髦的和别人交谈时，选择合适的速度以引起他人的注意。任何情况下都不能吞吞吐吐。否则，你除了被冠以"思维迟钝"之外，也许还会被认为是个傻瓜。偶尔的停顿无关紧要，但不要在停顿时加上"嗯"或紧张不安地清一下嗓子。

8. 谨慎地使用你的舌头

一天，妻子和丈夫吵架，丈夫一气之下离家出走了，接连三天没有回家。妻子连忙到报社要登寻人启事。启事的内容如下：

某某某，身高1米75，五官端正，目光深邃，眉毛浓黑，脸的轮廓棱角分明，看上去风度翩翩。出走时上穿蓝色衬衣，下穿黑色长裤，棕色皮鞋。请你见到广告后速回来，你的家人非常想念你。

报社的工作人员看了后笑着说："你的丈夫很英俊啊……不过这些话太空乏了，他还有什么其他鲜明一点的特色吗？"

"有！他是一个秃子！"

"你怎么不早说呢？这才是重点呢！"

"你千万不要写上去！就是因为我说他是秃顶，他才生气离开家的！"妻子不好意思地低下头说："这也是我为什么要在寻人启事里说这么多好话的原因……"

这本来只是一个生活中的笑话，但可以让每个女人更清醒地意识到，随意揭人短处甚至人身攻击是一件可恶、可怕、可悲的事情。

用丑语诋毁自己并不了解的人和事，只会显露出自己浅薄的无知。因为很多时候，诋毁他人的人不仅没能贬低了别人，相反却会让人注意到她自己的丑恶和无知。

在公共汽车上，有两位女士不知为什么发生了龃龉。年轻的是一个相貌平平、打扮时髦的女孩，年长的是一位气质高雅的中年妇女，从她的相貌来看，她年轻时一定非常漂亮。也许女孩理亏，就用自己在年龄上的优势作为武器，竟然嘲笑那位中年妇女是"老菜皮"。而那位中年妇女并没有用脏话反击她，而是嘴角带着几分微笑慢慢地说："你也会老的，但是你却永远不会好看。"车厢里的人都哄笑起来，那女孩立即哑口无言了。

是啊，这句话太精辟太富有哲理了。

我们每一个人都有过年轻的时候，但我们不是每一个人都曾经漂亮。就像那个年轻女孩，她的年轻其实那位老年妇女也曾经有过，但是那位老年妇女的漂亮，那个年轻女孩却永远不会拥有。即使用现代化高超的整容手段重新打造她的面容，那也是别人手下的"作品"而不是她自己的长相。

不仅如此，那个女孩还很浅薄，因为她竟以年轻作为吵架的资本，嘲笑反映着自然规律的皱纹和白头发，似乎自信她不会有老的时候。所以在我看来，她除了年轻以外几乎什么都没有，实在浅薄得可以，真可谓"不悔自家无见识，反将丑语诋他人"。

事物总是相辅相成的。用丑语诋他人，往往是最缺乏知识的人。在公共场所，我们不是经常可以听见那种自以为是得令人发笑的评说吗？

一年夏天，王女士到一家时装商店选购连衣裙。她看中了一条纯白色、腰间打着皱裥的连衣长裙。因为她个子很高而且比较瘦，所以对服装颜色和款式的选择范围可以比较大。她正在试穿着，忽然听到身后有一个大嗓门的女士说："这条裙子蛮好看的，可惜阿拉囡儿胖得像山东人一样难看，这种样式的裙子她穿不下的！"

王女士是山东人，因此听到有关对山东人的评论自然就会比较注意。于是她回头看去，只见说话的是一位长得比较矮胖的中年妇女，估计她女儿的身材也和她差不多。于是，好开玩笑的王女士假装没弄明白她的话的意思，笑嘻嘻地对她说："哎呀，你也是山东人啊？我和你是同乡嘛！"

那位中年妇女一听她这么说，仔细打量了王女士一下，忽然变得很尴尬，连忙转身走了。这时周围的女士们都笑了起来，因为尽管王女士比她高很多，但我这个正宗山东人的"吨位"却绝不是她的对手。

用丑语诋毁自己并不了解的人和事，只会暴露出自己的浅薄和无知。单纯的无知并不可笑，因为我们即使从记事起就开始学习，到老还有许许多多不了解不明白的事。可笑的不是无知，而是不知自己无知的浅薄。就像公共汽车上的那个女孩，如果她没有嘲笑那位老年妇女的年龄，那么在别人眼里她大约是个虽然不怎么漂亮，但却焕发着青春气息的清纯女孩。然而她的丑语却使她显得既浅薄又粗俗，就像那个时装店的中年妇女，如果她不用丑语形容山东人，那么在大家看来她不过是个长相普通的平常妇人，然而她的丑语却使人们注意到她自己不仅长得丑，而且还很粗鄙浅薄。

所以说，不要用丑语诋毁自己并不了解的人和事，否则只会显露出自己浅薄的无知。因为很多时候，诋毁他人的人不仅没能贬低了别人，相反却会让人注意到他自己的丑恶和无知。

有一次，一位年轻的女孩来到圣菲利普面前倾诉自己的苦恼。这个女孩心地不坏，但是最大的毛病是她喜欢说三道四，听些无聊的流言，又守不住自己的嘴巴，经常把这些闲话传出去。当然，很多人因此受到了伤害，女孩并没有从中得到任何好处，但人们都不喜欢她。

圣菲利普决定让女孩为自己的缺点赎罪。于是让她到市场上买一只母鸡，沿路拔下鸡毛散放到路边，拔的时候还要记下鸡毛的数量。

女孩这样做了，然后她回去找圣菲利普。圣菲利普又让她返回把路上的鸡毛悉数捡回来。女孩按照吩咐去做，可是她哭着回来，说："我根本就做不到。风把它们吹得到处都是，我根本就不可能捡回所有的鸡毛。"

"这就对了,你经常传播出去的那些愚蠢的话语不也是散落路途,口耳相传到各处吗?但是你想收回时却怎么也不可能了!"

散毛难收,恶言难消。一地鸡毛难以收场,说出去的话如同泼出去的水难以收回来,那些恶毒或者邪恶的话语给别人造成的伤害也不会立即消除。

谨慎地使用你的舌头。说话者捕风捉影、信口开河,传话的人随声附和、添油加醋,受害的人百口难辩、伤心不已。不过最终那个"罪魁祸首"一定逃不过众人对他的屏蔽和疏远。有的人传播流言、不惜恶语相伤是出于嫉妒、恶意、报复,有的人是出于好奇、有趣、哗众取宠。但是不管是有意还是无意,这种行为都是不可饶恕的——有意为之者卑鄙无耻,无意为之者鲁莽轻率!

多动你的脑子,少用你的嘴巴。一旦意识到自己要说出来的话对别人不利时,就赶紧闭嘴,不要让这些邪恶的羽毛散落路旁。别人的嘴巴你管不了,但是耳朵长在你自己脑袋上,完全可以对那些话置若罔闻,让恶语终止于自己,那么你就是一个智者。

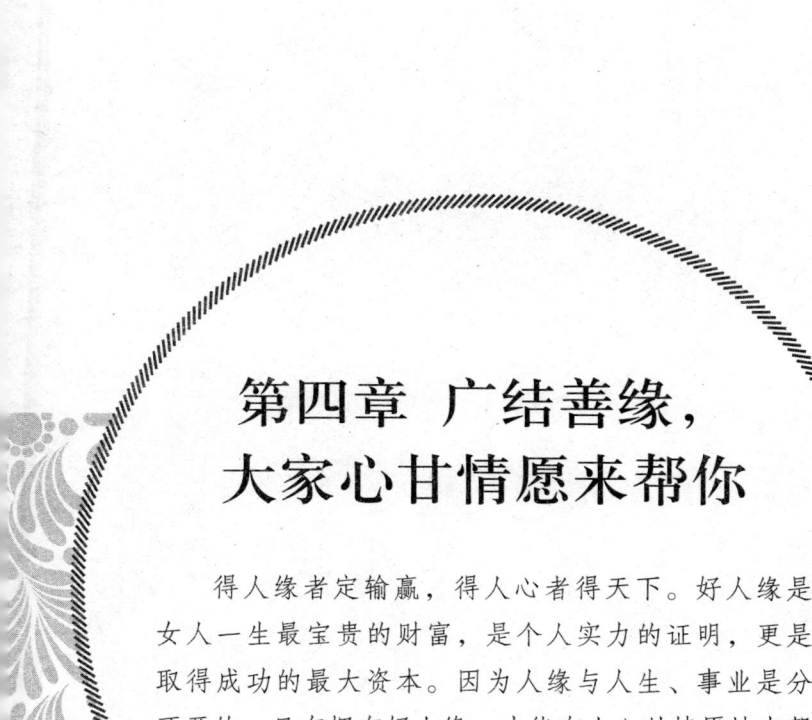

第四章 广结善缘，大家心甘情愿来帮你

得人缘者定输赢，得人心者得天下。好人缘是女人一生最宝贵的财富，是个人实力的证明，更是取得成功的最大资本。因为人缘与人生、事业是分不开的，只有拥有好人缘，才能有人心甘情愿地来帮助你。

1. 女人要有自己的人际关系网

女人要闯世界，需要掌握一定的人际关系和交际手腕，借此把自己"推销"出去。否则，是块金子，也没地方让你发光。

人是群居动物，人的成功只能来自他所处的人群及所在的社会，只有在这个社会中游刃有余、八面玲珑，才可为事业的成功开拓宽广的道路，没有非凡的交际能力，免不了处处碰壁。这就体现了一个铁血定律：人脉就是钱脉！所以，你要想成功，就一定要营造一个适于成功的人际关系网，包括家庭关系和工作关系。

聪明的女人善于打造自己的交际圈，她们在多个交际圈中长袖善舞，这不但是女人的自信，也是女人魅力的表现。女人要成功，人际关系是否协调是一个很重要的因素。

平平是美国一家大公司的职员，做的是初级会计的工作。在公司内部机构几经调整后，她感到对各方面的工作都能应付自如了。她希望能从西部调到佛罗里达州去，以便拥有更好的前途。

不过，她与那个州的各家公司都没有任何联系，所以只能通过写信和职业介绍所来和他所知道的一些公司联系。但是，她并未获得满意的结果。

于是，平平决定通过关系网来办这件事。她动脑筋搜寻了一下自己所能利用的各种关系后，列出了一个分类表。从这个分类表中，她选出可能帮忙的一些关系。

然后，她记下了这些人，他们直接或间接地同她想去的佛罗里达州都有联系，并且同会计公司有关。

最后，她又进一步考虑，这些人中哪些人同会计公司的联系更加密切？她最终选中了两个人：一个是她的老板史密斯先生；另一个是她妹妹的好朋友布克。

平平下一步的行动，也是最重要的一步，就是想办法让帮助自己的对象，首先获得自己的帮助。一旦做到这一步，那么对方就会以报答的方法来帮自己实现愿望。

平平通过妹妹得知，布克对参加一个女大学生联谊会很感兴趣。于是，她就找到了自己的一位好朋友富兰特里蒂，因为这位好友的妹妹埃莉丝正是这个联谊会的成员。

平平结识了埃莉丝，通过埃莉丝的介绍，布克见到了联谊会的主席，并顺利地成为该会的委员。

布克为此专门举行了一个庆祝晚会，并在晚会上把平平介绍给了她的父亲。尽管她父亲同在佛罗里达州的任何公司都没有直接联系，但作为律师，他在那里的律师圈子里是很有声望的。

不久之后，通过布克父亲的一位朋友的帮助，平平找到了佛罗里达州一家职业介绍所的总经理。在那位总经理的热情推荐下，平平终于如愿以偿，不仅顺利调到了佛罗里达州，而且得到了一个十分满意的职位。

从以上这个事例可以发现，我们应该广泛与各种各样的人交往，并充分发现和发挥每个人的特殊价值，使不同的人际关系都能给自己带来帮助。

女人作为社会中的一员，肯定少不了与其他人相互交往。但交往并不是我们表面上看到的，仅仅是双方相互通通话而已，它应该包含更深一层的含义，那就是在交往双方之间建立一个良好的关系和友谊。要达到这个目的，必须学会交往的技巧。

（1）与每个人保持积极联系

要与关系网络中的每个人保持积极联系，惟一的方式就是创造性地运用自己的日程表。记下那些对自己的关系特别重要的别人的日子，比如生日或周年庆祝等。打电话给他们，至少给她们寄张卡片让她们知道你心中想着她们。

（2）组建有力的人际关系核心

选几个自认为能靠得住的人组成良好、稳固、有力的人际关系的核心。这首选的几个人可以包括自己的朋友、家庭成员和那些在你职业生涯中彼此联系紧密的人。她们构成你的影响力内圈，因为她们能让你发挥所长，而且彼此都希望对方成功。这里不存在勾心斗角的威胁，她们不会在背后说你坏话。并且会从心底为你着想。你与她们的相处会愉快而融洽。

（3）推销自己

与人交谈时尽可能地推销自己。当别人想要与你建立关系时，她们常常会问你是做什么的。如果你的回答平淡似水，比如只是一句"我是电脑公司的一名职员"，你就失去了一个与对方交流的机会。比较得体的回答是："我在一家电脑公司负责软件的开发工作，主要开发一些简单实用的软件程序。平时闲暇时，经常打打乒乓球、羽毛球，并且热爱写作。"在短短的几秒钟的时间里，你不仅使你的回答增添了色彩，也为对方提供了几个话题，说不定其中就有对方感兴趣的。

（4）无益的老关系不必花太多时间维持

不要花太多时间维持对自己无甚益处的老关系。当你对职业关系有所意识，并开始选择可以助你一臂之力的人时，你可能不得不卸掉一些关系网中的额外包袱。其中或许包括那些相识已久但对你的职业生涯无所裨益的人。维持对你无甚益处的老关系只意味着时间的浪费。

（5）遵守关系网络守则

时刻提醒自己要遵守关系网络的规则，不是"别人能为我做什么？"而是"我能为别人做什么？"在回答别人的问题时，不妨再接着问一下："我能为你做些什么？"

（6）要常出席在重要场合

多出席一些重要的场合。因为重要的场合可能会同时汇聚了自己的不少老朋友，利用这个机会你可以进一步加深一些印象，同时可能还会认识不少新朋友。所以对自己关系很重要的活动，不论是升职派对，还是其女儿的婚礼。

（7）以最快速度去祝贺他

遇到朋友升迁或有其他喜事要记得在第一时间内赶去祝贺。当你的关系网成员升职或调到新的组织去时，祝贺他们。同时，也让他们知道你个人的情况。如果不能亲自前往祝贺时，最好也应该通过电话来表达一下自己的友谊。

（8）富有建设性地利用自己的商务旅行

如果你旅行的地点正好邻近你的某位关系成员，不要忘记提议和他共进午餐或晚餐。

（9）激发强大能量

当双方建立了稳固关系时，彼此会激发出强大能量。她们会激发对方的创造力，使彼此的灵感达到至美境界。为什么将你的影响力内圈人数限定为10人呢？因为强有力的关系需要你一个月至少维护一次，所以几个人或许已用尽你所能有的时间。

（10）帮助他人

如果朋友遇到困难时应及时安慰或帮助她们。当她们落入低谷时，打电话给她们。不论你关系网中谁遇到麻烦时，立即与他通话，并主动提供帮助。这是表现支持的最好方式。

（11）别总做接受者

在交往中不能总做接受者。如果你仅仅是个接受者，无论什么网络都会疏远你。搭建关系网络时，要做得好像你的职业生涯和个人生活都离不开它似的，因为事实上的确如此。

拥有好的人脉关系是现代生活不可缺少的部分，多了一层人际关系，路便会越拓越宽。但是人缘不是鸟儿，不会自己飞来。要建立一个好人缘，支起一张人际关系网，你必须积极主动。光有想法是不够的，必须将它化为行动。

每个人都有独特的优点。所以，在构建人际关系网时，一定不能太单一，也不要完全局限于自己的同行或具有共同爱好与兴趣的人中间。最关键的是要能做到优势互补，既能使自己的优势为其他人提供必要的帮助，也能使其他人的优势对自己发生作用和影响。

2. 友谊是女人一生不落的太阳

一个人无论有多深的学识，不管有多大的成就，假如不能同别人一起生活、互相往来，没有对别人的丰富同情心，不能对别人的事情产生一点兴趣，不愿帮助别人，也不能与他人分担痛苦、分享快乐，那么，她的生命必将孤独、冷酷，毫无人生的乐趣。

在这个世界上，没有什么比真正的友谊，可以给人们带来更多的激励、帮助和快乐！古罗马政治家、哲学家西塞罗曾说过："如果生活中没有友谊，就像地球上失去了太阳，因为太阳是万能的上帝赐予我们最好的礼物，而友谊则可以给我们带来最大的快乐。"

一个人可以没有金钱，没有事业，没有家庭，但是人活在世上万万不可以没有朋友！朋友是巨大的财富，女人拥有的朋友更是她们的宝藏。许多时候，朋友之间的关心、帮助、体贴胜过兄妹，胜过夫妻。而且，深厚的友情往往比爱情更隽永、更真挚、更持久。但现实生活中，有相当一部分人，尤其是女性朋友，一旦有了爱情，囿于爱情与家庭，并全心全意地投入，与过去的朋友就明显地疏远，对深深浅浅的友情也不那么爱惜了。她们借口是："哎呀，太忙了。"忙确实是真忙。她们情不自禁地沉湎于小家庭的欢乐，她们津津乐道地忙着一份幸福的小日子，至于朋友、至于那些友情，有点顾不得了，似乎有无都无关紧要了。

其实，交友不仅是一种感情的交往、交流，还是生活的重要扩充。每个人都有一定的局限性，生活的环境、生活的内容、生活的经历都被内外的因素规划了，圈定了，由此，自己的视野、见地、经验、心胸，便容易为这种"规划"与"圈定"所限制，只能狭小、只能浅薄、只能片面。比较而言，男人比女人博大些，他们有更广泛的兴趣，更注重对外部世界的关注，更多一点探索与冒险精神；而女性朋友如果有了爱情与家庭之后，连朋友的交往热情都减退得一干二净，那么，她们的生活圈子、胸怀只能一天天的更窄更小，而许多悲剧的产生就是因为源于"更窄、更小"的缘故。但是，在悲剧未发生之前，她们不以为然，而悲剧发生了，她们也认识不到，这正是"更窄、更小"的潜移默化的意识在作怪。当然，不排斥要对爱情专注、对家庭负责。可是，专注不等于放弃其他的一切感情；负责不意味着要疏忽其他的一切关系。她们自以为一味地专注了，负责了，就能看牢幸福、维护家庭、守住生活。生活却偏偏不是看得牢、守得住的。生活需要变化，需要丰富，需要更新。一成不变的"守"，固步自封的"看"，只能使生活一天天地平淡、贫乏、平庸。结果，虽然存在着家庭的形式，而家庭的内容与生命必将趋于萎缩。

而对中年女性来说，这时女人的友谊可能比爱情更为重要。因为此时女人已基本上完成了相夫教子的职责，突然无事可做，年轻的时候基本上是为自己的男人和其他男人的目光而活的，现在这一切基本不存在了，女人只有把自己放到同性朋友的圈子中进行比较，看谁更年轻，还有吸引力；看谁更有钱，有事业，不管自我感觉如何，都会有所醒悟。感觉不好的，知道该为自己活了；感觉好的，知道为了自己应该继续好好活。中年女人在同性朋友面前才会找回自我。所以，女人的真心朋友，其实就是自己面前的一面镜子。

友谊和爱情对女人来说，无论在什么时候都会有一定的好处，同等重要。所以，女人结了婚，千万不要排斥掉自己结婚前的一切，更不要丢掉自己结婚前的那些朋友。保持自己的情趣、保持自己的爱好，保持自己的社交活动，保持自己除爱情以外的一切感情联系，是丰富自己、更新自己、完善自己的很好的方法。只有这样不断地丰富、更新、变化与完善，家庭生活才更有色彩，爱情和幸福才能保持得长久。

纯真的友谊是女人一生中最美好的东西，它摒弃了人世间的卑鄙与狡诈等丑恶的现象，而代之于思想情感的默契和支持，形成了为共同事业奋斗的力量。所以，女人在一生中必须交到属于自己的真心朋友。

厚实的大城门上挂着一把沉重的巨锁，铁棒、钢锯都想打开这把锁，一显自己的神通。

"我这么粗大，坚强有力，纵使这把锁再坚固，我相信凭借我的力量我也能把它打开！"铁棒自以为很有办法，相信一定可以打开这把锁。可是它在那里努力了大半天，一会儿撬，一会儿捶，一会儿砸，费了很大的劲，最后还是无法打开门锁。

钢锯嘲笑它说："你这样是不行的，要懂得巧干，看我的！"只见它拉开架势，一会儿左锯锯，一会儿右拉拉，可是那把大锁丝毫不为所动。

就在它们两个垂头丧气的时候，一把毫不起眼的钥匙不声不响地出现了。

"要不我来试试吧？"小小的钥匙对两位气喘吁吁的败将说。

"你？"铁棒和钢锯都不屑一顾地看了看这个扁平弯曲着的小东西，然后异口同声地说："看你这副弱不禁风的样子，我们都不行你还能行吗？"

"我试试吧！"钥匙一边说一边钻进锁孔，只见门锁腾地松动了一下,接着那把坚固的门锁就开了。

"你是怎么做到的?"铁棒和钢锯不解地问道。

"因为我最懂它的心。"钥匙轻柔地回答。

深入别人的心灵才能轻松打开封闭的大门,真正了解别人的内心需求和想法,给予贴心适度的关怀,才能轻松获得别人积极的回应。

无论是在化解矛盾的过程中,还是在说服他人的时候,能够深入他人内心,往往能达到出其不意的效果。人和人之间为什么多是冷漠?因为大多数时候,别人说的话和做的事不能触及对方的内心,就像抓痒总是找不准地方一样,不但不能让对方产生舒服的感觉,反而还会惹人急躁和心烦。

为什么"交人要交心"?只有找到打开对方心门的钥匙,开启他的心扉,才能进入他的世界,把他引到你的天地。人最重要的不是行走在俗世中的躯壳,而是他们心灵的感受和思想,即使是一个大俗人也会看重他自己内心的感受,并努力按照心灵和心情的意志去说话行事。

"交心"意味着尊重和理解对方最重要、最真实的感受。那些不能把话说到别人心窝里的人,永远只能游离在别人的心门之外。很多人只会谈论自己,把别人"逼迫"成为自己的听众,他们自己说着言不由衷的话,同时也忽视了别人的个性和感受。没有什么事比自己的内心得不到认知更令人恼怒的,那会让人觉得自己无关紧要而失去价值,甚至引发敌意。

必要时轻轻地拨动他内心深处的一根弦,让他和你产生共鸣。一旦你探测到对方的独特之处,在他们的情感上下功夫,触摸到对方最脆弱敏感的一环,观察到他的心理状态和情绪反应，你就能轻松地软化他。你的言语就会像暖和的春风一样化解他冰冷的淡漠，他的一切防御都将被彻底地轻轻柔柔地瓦解。一旦你挠到了对方心灵中的痒处，就削弱了他的控制力，就增加了他对你的感激和信任。

如果他害怕孤独，你就给他慰藉；如果他有所畏惧，你就给他安全感；如果他希望安静一会，你就让他一个人待着……强迫别人的意愿或者忤逆对方的情绪都对你不利。你必须把触角伸到他的心灵中，牵引着他自愿朝你的方向动。

俗话说："酒逢知己千杯少，话不投机半句多。"所谓"知己"者必"知心"，所谓"投机"者必"投缘"，和"心机"相吻合。你对他从内到外随时随地贴心关照会让对方觉得离不开你，他会更热衷于你，会更感激你。一旦你争取了他们的心，你就会拥有终身的朋友和忠诚不二的盟友。

朋友之间就像一条河，此岸是你，彼岸是我，真诚是连接两岸的桥，真诚是维持朋友之间纯洁深厚友谊的桥梁。但现实中，女人们的内心对人性其实是有着很深的怀疑的，这使得很多人无法始终如一地信任他人。但是，当女人在信任他人的时候，自己的内心是快乐的；当产生怀疑，本身也就充满了矛盾和痛苦。

相信他人其实是很快乐的事，女人都需要被完全地接受，在一个自己所信任的朋友那里，一定会得到安全感，觉得可以靠着他温暖着睡去，而不必担心任何危险。觉得自己心里的事都可以说出来，不会有任何负担。可见，信任是如此的重要，它决定着女人对一个人的态度，所以，人和人之间要有信任感，彼此吸引，以建立长久真挚的感情。

3. 做个左右逢源的女人

决定女人成败的重要因素就是人际关系的好坏。虽然人的心里很难用法则来规范统一，但是人的心理是有些共通之处的，因此，为人处世也要掌握一定的手段，能够洞悉人情世故奥妙之处的女人，便是在世上能够左右逢源的女人。

我们每个人都是社会人，每天都必须与各种各样的人交流、沟通、合作，这就是我们常说的"为人处世"。在为人处世方面，中国古铜钱的外形给我们极好的启示——内方外圆。"方"是做人之本，"圆"是处世之道。

所谓"内方"是指为人要诚实、守信、谦虚，对人要真诚、友善、宽容，乐于助人、善于分享。一个人要想成功，他的品质是最为关键的，因为人的品质决定人生成败！而"外圆"指的是做事要讲究方法、技巧、艺术。要善于与人合作，要积极建立广泛的人脉，要善于进行广泛的资源整合。

在生活中，我们常常看到一些八面玲珑，但心术不正的交际高手，由于缺少"方"，他们将难以成功。同时我们又经常会看到不少非常本分做人、待人真诚的职场人士，由于欠缺"圆"，缺乏必要的待人接物的技巧，屡屡不得志，也很难获取成功。因此，"内方外圆"的为人处世之道也就成了获取成功的一个重要因素。

《红楼梦》里，最会办事，最擅长办事的，要数左右逢源、八面玲珑的凤姐了。一天，邢夫人把凤姐找来，悄悄向凤姐儿道："叫你来不为别事，有一件为难的事，老爷托我，我不得主意，先和你商议。老爷因看上了老太太的鸳鸯，要他在房里，叫我和老太太讨去。我想这倒平常有的事，只是怕老太太不给，你可有法子？"凤姐儿听了，忙赔笑道："依我说，竟别碰这个钉子去。老太太离了鸳鸯，饭也吃不下去的，那里就舍得了？况且平日说起闲话来，老太太常说，老爷如今上了年纪，作什么左一个小老婆右一个小老婆放在屋里，没的耽误了人家。放着身子不保养，官儿也不好生作去，成日家和小老婆喝酒。太太听这话，很喜欢老爷呢？这会子回避还恐回避不及，倒拿草棍儿戳老虎的鼻子眼儿去了！太太别恼，我是不敢去的。明放着不中用，而且反招出没意思来。老爷如今上了年纪，行事不妥，太太该劝才是。比不得年轻，作这些事无碍。如今兄弟、侄儿、儿子、孙子一大群，还这么闹起来，怎样见人呢？"邢夫人冷笑道："大家子三房四妾的也多，偏咱们就使不得？我劝了也未必依。就是老太太心爱的丫头，这么胡子苍白了又作了官的一个大儿子，要了作房里人，也未必好驳回的。我叫了你来，不过商议商议，你先派上了一篇不是。也有叫你要去的理？自然是我说去。你倒说我不劝，你还不知道那性子的，劝不成，先和我恼了。"

凤姐儿知道邢夫人禀性愚弱，只知奉承贾赦以自保，次则搂取财货为自得，家下一应大小事务，俱由贾赦摆布。儿女奴仆，一人不靠，一言不听。如今又听邢夫人如此的话，便知他又弄小性子，劝也不中用了，连忙赔笑说道："太太这话说的极是。我能活了多大，知道什么轻重？想来父母跟前，别说一个丫头，就是那么大的活宝贝，不给老爷给谁？背地里的话那里信得？我竟是个呆子。琏二爷或有日得了不是，老爷太太恨的那样，恨不得立刻拿来一下子打死，及至见了面，也罢了，依旧拿着老爷太太心爱的东西赏他。如今老太太待老爷，自然也是那样了。依我说，老太太今儿喜欢，要讨今儿就讨去。我先过去哄着老太太发笑，等太太过去了，我搭讪着走开，把屋子里的人我也带开，太太好和老太太说。给了更好，不给也没妨碍，众人也不知道。"邢夫人见她这般说，便又喜欢起来，又告诉她道："我的主意先不和老太太要。老太太要说不给，这事便死了。我心里想着先悄悄的和鸳鸯说。他虽害臊，我细细的告诉了他，他自然不言语，就妥了。那时再和老太太说，老太太虽不依，搁不住他愿意，常言'人去不中留'，自然这就妥了。"凤姐儿笑道："到底是太太有智谋，这是千妥万妥的。别说是鸳鸯，凭他是谁，那一个不想巴高望上，不想出头的？这半个主子不做，倒愿意做个丫头，将来配个小子就完了。"邢夫人笑道："正是这个话了。别说鸳鸯，就是那些执事的大丫头，谁不愿意这样呢。你先过去，别露一点风声，我吃了晚饭就过来。"

　　凤姐儿暗想："鸳鸯素习是个可恶的，虽如此说，保不严他就愿意。我先过去了，太太后过去，若他依了便没话说，倘或不依，太太是多疑的人，只怕就疑我走了风声，使他拿腔作势的。那时太太又见了应了我的话，羞

第四章　广结善缘，大家心甘情愿来帮你

111

恼变成怒，拿我出起气来，倒没意思。不如同着一齐过去了，他依也罢，不依也罢，就疑不到我身上了。"想毕，因笑道："方才临来，舅母那边送了两笼子鹌鹑，我吩咐他们炸了，原要赶太太晚饭上送过来的。我才进大门时，见小子们抬车，说太太的车拔了缝，拿去收拾去了。不如这会子坐了我的车一齐过去倒好。"邢夫人听了，便命人来换衣裳。凤姐忙着服侍了一会儿，娘儿两个坐车过来。凤姐儿又说道："太太过老太太那里去，我若跟了去，老太太若问起我过去作什么的，倒不好。不如太太先去，我脱了衣裳再来。"

邢夫人听了有理，便自往贾母处。

凤姐儿左右逢源、见机行事之术可见一斑。若是有好事儿，她肯定是百米冲刺跑在最前头；要是估着没什么好儿，她则施展一招绝活，将"皮球"踢给别人。从此事中已见凤姐儿"推法"之妙。

人们都只知海阔凭鱼跃，天高任鸟飞，却不知海不阔天不高之说。在现实生活中，客观环境往往就不允许你跃，不允许你飞，所以你要学会应变，做到左右逢源。

4. 坚持在别人背后说好话

好听的话、赞美的话当着别人的面说，自然能够既及时又生动地表达自己对对方的欣赏，不失为获得好的人际关系的一种有效且常用的方法。

"背后鞠躬"说得通俗一些就是通过第三者在无意间转述自己对他人的好感或者赞美，或者通过创造某种特定的环境条件让对方听到自己对他的评价。

一位妻子就非常懂得使用"背后鞠躬"的"手段"，她的丈夫对她可以说言听计从。在刚结婚的时候，以前的闺中密友经常打电话和她聊天，每当别人问道："你现在还好吧？"她总是一脸幸福欢快地笑着说："我很幸福！他对我很好，只要我哪儿不舒服，他就叮嘱我吃药、喝水……还有他做的饭菜好香好香……我工作忙的时候他就收拾家务，比我打理得还好……"在她这样说的时候，她的丈夫一定就在她不远的地方，看上去似乎在忙碌自己的事情，其实正竖着耳朵听，心里高兴得不得了。其实，一开始他只会炒鸡蛋，收拾屋子也是偶尔为之。只是到了最后，听到妻子在别人面前这样夸他就有了劲头去做，后来成了一个"模范丈夫"。

一般人都有这样的心理，如果别人对他的印象和评价与他自己期望的不一样，他就会自觉地调整和修饰自己的言行，以期符合别人对自己的看法。这位妻子深深懂得"背后鞠躬"的奥妙，自然就轻易地征服了一个原本不出色的男人。

当面赞美别人，虽然也能拉近彼此的距离，但是难免带上一点恭维的成分，沾上奉承的色彩。但是，"背后鞠躬"就没有这些弊端，受表扬的人不在场，因此这个"鞠躬"肯定会被认为是发自内心的、是诚恳的，因此更容易让人相信和接受。

人们都讨厌背后说别人坏话的小人，一方面是背后说坏话，会有中伤别人的感觉，另一方面，人们会觉得背后的评价更能体现那个人内心的真实想法。因此，当他知道一个人在背后赞美自己的时候，他也会感觉你真的是这样想的，会更加的高兴。不要担心你在别人面前说另一个人好话，那些好话当事者不会听见，这世界没有不透风的墙，就算赞美传不到他本人耳朵里，别人也会因为你在背后夸奖人而更加敬重你。

每个人都有虚荣心，喜欢听好话。来自社会或者他人的赞美能使一个人的自尊心自信心得到极大的满足。当他的荣誉感得到满足时，他会情不自禁的得到鼓舞和愉快，从而从心里对你感到亲切，缩小了你们的心理差距。如此一来，你们沟通交流起来，会有事半功倍的效果。不知不觉间，你就会拥有一个良好的人缘。

《红楼梦》中有这么一段：

史湘云、薛宝钗劝贾宝玉做官为患，贾宝玉大为反感，对着史湘云和袭人赞美林黛玉说："林姑娘从来没有说过这些混账话！要是她说这些混账话，我早和她生分了。"

凑巧这时黛玉正来到窗外，无意中听见贾宝玉说自己的好话，"不觉又惊又喜，又悲又是叹。"结果宝黛两人互诉肺腑，感情大增。

因为在林黛玉看来，宝玉在湘云、宝钗、自己三人中只赞美自己，而且不知道自己会听到，这种好话就不但是难得的，还是无意的。倘若宝玉当着黛玉的面说这番话，好猜疑、小性子的林黛玉怕还会说宝玉打趣她或想讨好她呢。

人是社会的主体,想在其中立足,首先要做好的就是处理协调好人与人之间的关系。问题很简单实际,简单到只是人与人之间在生活中的交往而已。可它却又是个涉及到无数个细节的繁琐问题。任何一点出了纰漏,可能都会影响到你和他人的交往,简单点说,就是你会有一个不好的人缘。

"前"与"后"的关系构成一个整体。所谓"思前想后"讲的就是这个道理。人生也有"前台"与"后台",即如何处理好人前与人后的关系,往往影响很大。

喜欢听好话是人的一种天性。当来自社会、他人的赞美使其自豪心、荣誉感得到满足时,人们便会情不自禁地感到愉悦和鼓舞,并对说话者产生亲切感,这时彼此之间的心理距离就会因赞美而缩短、靠近,自然就为交际的成功创造了必要的条件。

事实上,在我们的周围,可把这种方法派上用场之处不胜枚举。例如,一个员工,在与同事们午休闲谈时,顺便说了上司的几句好话,"咱们的上司很不错,办事公正,对我的帮助尤其大,能为这样的人做事,真是一种幸运。"当这几句话传到他的上司的耳朵里去了,这免不了让上司的心里有些欣慰和感激。而同时,这个员工的形象也上升了。

不要小看这些细节,生活就是由无数个细节组成的。生活没有多少轰轰烈烈被载入史册的事情等着我们,我们要做的只是细节,一个又一个。现在,我们要注意的一个细节是,坚持在背后说别人好话,别担心这好话传不到当事人的耳朵里。

对一个人说别人的好话时,当面说和背后说是不同的,效果也不会一样。你当面说，人家会以为你不过是奉承他，讨好他。当你的好话在背后说时，人家认为你是出于真诚的，是真心说他的好话，人家才会领你的情，并感谢你。假如你当着上司和同事的面说我上司的好话，你的同事们会说你是讨好上司，拍上司的马屁，而容易招致周围同事的轻蔑。另外，这种正面的歌功颂德，所产生的效果反而很小，甚至有反效果的危险。你的上司脸上可能也挂不住，会说你不真诚。与其如此，倒不如在公司其他部门，上司不在场时，大力地"吹捧一番"。这些好话终有一天会传到上司的耳中的。

作为女人，坚持在别人背后说好话，对你的人缘会有意想不到的影响。背后说好话，这样就可以人人不得罪，左右逢源，你好我好大家好了。

5. 宽容别人，善待自己

天空收容每一片云彩，不论其美丑，故天空广阔无比；高山收容每一块岩石，不论其大小，故高山雄伟壮观；大海收容每一朵浪花，不论其清浊，故大海浩瀚无比。

圣人告诫我们：爱那些你原本憎恨的人，善待憎恨你的人；对于诅咒你的人，要送给他祝福；对于凌辱你的人，要为他祷告。报复他人是一件极其愚蠢的事。

许多女人都有"遇事想不开"的心理倾向，当有人劝她们想开些时，她们会说："宽恕别人是一种美德，宽恕自己无异于自杀!"这种不肯宽恕自己的女人将背着心灵的包袱终生受累。所以,女人要学会宽容,只有懂得宽容的人才能更快乐地生活。给别人带来幸福的同时,给自己也带来快乐。

宽容大度不会伤人和自伤。"将军额上能跑马,宰相肚里能撑船",为人处世要宽容大度。何不长一个"宰相肚",给别人一个宽松的环境,也给自己一片广阔的空间,让别人好过,也让自己好过。

一个宽容的人是厚道、耐心、开明、谦逊、友善的人,同时也是有深谋远虑和聪明智能的人。如果你真的有一个"宰相肚",相信天下难容之事和难容之人都将如百川归海,你将敛聚众多人心。

有一位普通主管,她的职责之一是监督一名清洁工人工作。他做得很不好,其他员工时常嘲笑他,并且常常故意把纸屑或其他的东西丢在走廊上,以显示他工作的差劲儿。这种情形当然很不好,而且影响工作质量。

这位女主管试过各种办法,但是都收不到效果。不过她发现,这位清洁工也偶尔会把一个地方弄得很清洁。她就趁他有这种表现的时候在大众面前公开赞扬他。于是,他的工作从此有了改进,不久他可以把整个工作都做得很好了。现在他的工作可以说再没有别人好挑剔的地方,其他的人对他也大加赞扬。

宽容是修养、是品德、是内涵、是心态。在宽容面前,争吵和计较大可不必,即使您拥抱着真理,也不妨学一些温柔,因为有朝一日说不定您也会犯一些不可挽回的错误。在宽容面前，赌气和嫉妒都是不好的习惯，不能善待别人的长处和毛病，您将会养成叫别人难以亲近和忍受的坏脾气。在宽容面前，过激最值得商榷，除非您不打算继续交往。否则，还不如学会宽容；因为任何女人和任何男人，不可能没有您看不顺眼的缺点和惹您不快活的毛病。高山因为承受着土石树木，所以才变得雄伟；大海正是容纳了百川，所以方显得辽阔。要记住弥勒佛像两边的对联："大肚能容，容天下难容之事；开口便笑，笑天下可笑之人。"如果能对任何不顺心的事情都能一笑了之，生活中不开心的事就会减少。记住：任何事情退一步都是海阔天空。

有一位女性，才华容貌都很出众，可在事业上却一直不顺利。为什么呢？很重要的一个原因就是她太精明了。每次与朋友见面聊天，总是听她抱怨、指责别人，这些人包括她的合作伙伴、朋友以及下属，她会一针见血地指出每个人的缺点和不足，然后抱怨同这些人相处有多么困难。

朋友劝她：与人相处要尽量地看人长处，用人长处，不要老盯着别人的缺点不放。但她依然如故，自己的生活也依然很不顺心。

有不少优秀的人可能有着与这位女士同样的毛病。他们自视甚高，自律甚严，在他们眼中，周围的人身上全是毛病，他们用自己的标准和好恶去衡量、要求别人。他们不乏精明，但少了一份聪明的糊涂和容人的胸怀。这样的人在需要处理某些果断的事情上面也许还行得通，但大多数情况下不受欢迎。

当您学会了宽容,也就学会了善待自己,从而使自己保持了一颗平常的心,增加点浪漫的情调,培养点超常的品位,开拓下自己的眼界,提高一下自己的生活质量。您会发觉,自己过得好了,一切也都好了。

您知道男人最怕女人什么?不够宽容。母亲的唠叨、妻子的管制、女儿的娇纵、女友的误解、女同事的挑剔。所以,男人期待来自女人的宽容。有了这种宽容,男人固然会沾沾自喜,但也容易安身立命,找到自己应有的位置,并且可以享受所谓的成就感。

(1)能够用心听男人夸夸其谈是一种宽容。男人在女人面前吹牛,往往不过是一种缺乏自信的表现。女人如果不能倾听男人,男人的自信心难以建立就会崩溃。

(2)能够允许男人沉迷一些没有意义的小事是一种宽容。比如拿打火机拆来拆去,比如夜以继日地打计算机游戏。男人往往通过这些癖好来达到心理缓冲。允许本身可能是更好的一种关切和督促。

(3)能够放男人和朋友们消磨时光是一种宽容。因男人需要不时地回到年少时光,这是少年时逃避母亲过分的爱和关心心理的再现。再说;男人没有朋友,这一生就几乎注定了是一场悲剧。

(4)能够让男人和其他女人交往是一种宽容。男人天生喜欢寻找和欣赏异性身上的美,但并不是所有的男人都见一个爱一个。事实上,有好的欣赏力的男人,多半会很好地爱妻子。

(5)在男人不图进取时保持适当的沉默是一种宽容。能量守恒,男人的一生中很少能够永远一往无前。大多数男人总会有周期性情绪波动和行为上的调整。鞭打快牛的结果往往适得其反，男人并不总是需要激励。

（6）能够保持充分的生活调节能力是一种宽容。男人被女人生养，反哺不是男人的本能，男人常常用给女人买东西来表示情爱，实际上是他找不到更好的方式，更受不了整天关切女人的生活状态。

（7）能够自得其乐是一种宽容，男人最烦的是哄女人，所以虽然终日打麻将并不是女人的好习惯，却让很多男人松了口气。

男人在如此宽容之下，会张牙舞爪、得志猖狂吗？那也未必。因为男人一般都不会得寸进尺，来自女人的适度宽容往往是他最好的动力，不会领情的男人自然有，但那是少数。正常的男人会好好地珍惜来自女人的宽容，因为女人的宽容对男人来说是一种实实在在、时时刻刻的需要。

总的来说，对于一个女人没有宽容的思想和精神就难以造就伟大的人格；对于社会来说，宽容是一种文明和进步。而在生活中，一个宽容的女人必定会给男人予鼓励，男人需要女人对自己多一点宽容。

6. 做个懂得感恩的女人

不懂得感恩的女人是对人冷漠的人，是不懂人情世故的人，不论她多么会微笑、认同、有谈兴，人们都会疏远她。懂得感恩的女人则不同，在他人的眼里，她们都显得那么善良美好，她们对人有更多的爱，她们更加关注别人——这样的人，当然也会得到别人的喜欢。

常常有人会这样说："老师教课，他得到了工资，还是他的职责，没什么好感谢的。""我看病挂号交费了，还要什么感谢。""两个朋友互相帮助了，好处对等，就不要互相感谢了，那样太虚伪了。"等等。这些人错误地把人与人之间的关系变成了商品交换关系。当他们这样想时，他们就会很自然地这样对待别人，于是别人也自然这样对待他，世界就因此而变得阴森、冷漠。老师教课不仅在挣钱，他对学生还有思想和感情的交流；医生治病时，更会有对病人的关心，人们对此应该感谢。朋友帮助你时，也许有他自己的目的，但是他在帮助你，你就应该感谢，这才是朋友。

在生活中，每个人都难免有点自我中心，因此有些女性会想：我记住别人的好处，不记他们的坏处，这不是吃亏了吗？实际上，你并不吃亏。因为当你想到别人的好处时，你的心情是愉快的；当你想起别人的坏处时，你内心是气愤的，不愉快的。

一个聋哑小女孩与妈妈相依为命，每天晚上6点的时候，妈妈会准时回家，给她带一些好吃的。可是这天外面下起了大雨，到晚上6点了，妈妈还没回来。小女孩不禁为妈妈担心起来，是不是雨太大了？妈妈走得太慢了，还是……小女孩不敢想了，她在心里一遍一遍地祈祷，她等呀等，一直等到了9点，妈妈还没有回来，便决定自己出去找妈妈。她在雨里走呀走，走到了马路的拐弯处，看见妈妈躺在地上，手里还拿着小女孩最爱吃的年糕。小女孩哭着跑到妈妈身边，她想妈妈一定是累坏了，便坐下来，把妈妈的头放在了自己的腿上，她要让妈妈好好睡一觉。可是，当小女孩看见妈妈并没有合上眼睛，她忽然意识到，妈妈已经永远离开了她，然后，她站起来，用手语在雨中一遍一遍地唱着那首《感恩的心》，泪水和雨水混合在了一起，从她小小的却写满坚强的脸上滑过。"我来自偶然，像一颗尘土，有谁看出我的脆弱；我来自何方，我情归何处，谁在下一刻呼唤我；天地虽宽这条路却难走，我看遍这人间坎坷辛苦；我还有多少爱，我还有多少泪，要苍天知道我不认输。感恩的心，感谢有你，伴我一生，让我有勇气做我自己；感恩的心，感谢有你，花开花落，我一样会珍惜。"

看过之后，你的心被感动了吗？我们应该感恩于活在这个世上，感恩于父母给予我们的爱，感恩于这个世上有那么多的人对我们的关心，因为有了他们的存在而使我们不再孤单，不再无助，才会有快乐常在身边伴随。这种爱心需要我们不断地传递下去，我们也同样应该付出自己的关怀和爱心去给予别人，让每一个人都能怀着一颗感恩的心生活在这个世上。

但是，传统让我们含蓄得太久了，以至于很多感激的话语都停留在酝酿阶段，却一直没有启封。其实，带着一颗感恩的心向别人表示自己的感激更多的是需要一种习惯，只要你尝试着去做，就一定能养成这个习惯。

（1）要多想想别人对自己的帮助和好处。最好每周一次，专门抽时间想想都有谁曾帮助过自己。

（2）你可以在其他朋友处谈论这个帮助过自己的人，尽可能谈得详细。这比在内心感谢影响很大,讲出来会使你心里增加感动之情。

（3）可以直接向自己的朋友表达自己的感谢。"人喜欢自己帮助过的人超过帮助过自己的人",这话绝对是真理,唯一的条件是被帮助者懂得感谢。表达感谢要具体,一定要讲出来对方的帮助对你有什么意义。

（4）要养成感谢的习惯。在感谢别人时,诚恳的态度是很重要的。感谢要发自内心,要不卑不亢。友谊和爱的付出应该得到真诚的感谢,这种感谢既不是低三下四,也不是奉承。

感恩不但是一种礼节,更是一个人具有涵养的基本体现。因而,感恩与溜须拍马不同,感恩是自然的情感流露,是不求回报的。对于个人来说,感恩是富裕的人生。它是一种深刻的感受,能够增强个人的魅力,开启神奇的力量之门,发掘出无穷的智能。感恩也像其他受人欢迎的品质一样,是一种习惯和态度。

7. 养成乐于助人的好习惯

助人就是助己。一次举手之劳的助人行为,会带来喜出望外的机遇,而人生之路也越走越宽。明智的女人宁愿看到人们需要她,而不是感谢她。

帮助他人不要只图报答,因为一次性报答过了,也就失去了帮助人的意义,也不是当初帮人时的初衷。当有人需要你帮一把时,你能搭把手帮一把就是一种回报,就是一种社会共有的缘分。

　　一个人能力虽然不大，但只要肯帮助别人，她终将受到人们广泛的欢迎。

　　有一中年妇女，丈夫因病去世，自己带着女儿艰难度日。她原本在一家工厂上班，几年前由于经济不景气，工厂面临着倒闭，她下岗了。好在她平时待人很好，在街坊邻居中极有人缘，下岗不久便在亲戚朋友的帮助下，在小镇兴隆服装市场旁开起了一家饭店，做了女店主。

　　饭店刚开张时，生意较为冷清，全靠朋友和街坊邻居们的关照。后来，由于女店主忠厚老实，又热情公道，小饭店渐渐开始有了回头客，生意也一天一天地好了起来。

　　也许是女店主慈悲善良的缘故，几乎每到中午吃饭的时间，小镇上的五六个大小乞丐都会相继光顾这里，客人们常对女店主说："快把他们轰走吧，这些都是好吃懒做的主，别可怜他们。"这时女店主总是笑笑说："算了吧，谁还没个难处。再者你看他们风餐露宿的，也挺可怜的。"

　　人们都说，这女店主太善良了，从未见过小镇上其他店主能够像她那样宽容平和地对待这些肮脏不堪令人厌恶的乞丐。若是别的店主一见到乞丐上门，就会严厉地呵斥辱骂，毫不留情地赶走他们。而这个女店主则每次都会微笑着给他们的饭盆里盛满热饭热菜，而且多是从厨房里取出来的新鲜饭菜。更让人感动的是，在她的施舍过程中，没有丝毫的做作之态。她的表情和神态十分亲切自然，就像她所做的一切 原本就是一件分内的事情似的。

日子就这样一天一天地过去。一天深夜，服装市场里一家经营童装生意的店铺，由于电线短路，结果引发了一场大火。那些服装几乎都是易燃物品，加之火借风势，眨眼的工夫整个市场便成了一片火海。

小饭店紧邻服装市场，势单力孤的女店主眼看辛苦张罗起来的饭店就要被熊熊大火所吞没，那刚刚添置的冰箱和彩电也都将化为灰烬，心急如焚。这时，只见那些平常天天上门乞讨的乞丐，不知从哪里冒了出来，在老乞丐的率领下，他们冒着生命危险将冰箱彩电还有一个个笨重的液化气罐奋力地搬运到了安全的地方。紧接着，他们又冲进马上就要被大火包围的店内，将女店主别的财物全都搬了出来。消防车很快就开了过来，大火被扑灭了。小饭店由于抢救及时，只遭受了一点小小的损失。周围的那些店铺却因为得不到及时的救助，全变成了废墟。

大火过后，人们都说是女店主平时的善行得到了回报，要是没有这些平时受她恩惠的乞丐们出力，饭店恐怕也会变成一堆瓦砾。

人常说："恶有恶报，善有善报。"其实拿到现实生活中来，这种所谓的"因果报应"只不过是心存感激的受惠者对施惠者的一种报答而已。

有一种说法，叫作生活不需要技巧，讲的是人与人之间要以诚相待，不要怀着某种个人目的。对别人的帮助，要落到具体的行动上，不要只停留在口头上。

帮助别人，不要居功自傲。帮助时应注意：不要使对方觉得接受你的帮助是一种负担；帮助要做得自然得体，也就是说在当时让对方或许无法感受到，但是日子越久越能体会到你对他的关心，能够做到这一点是最理想的；帮忙时要高高兴兴，不可以心不甘情不愿的。

如果对方也是一个能为别人考虑的人，你为他帮忙的各种好处，绝不会像泼出去的水，难以回收，他一定会用别的方式来回报你。对于这种知恩图报的人，应该经常给他些帮助。

总之，人不是刺猬，难以合群，人是情感动物，需要彼此的互爱互助，且不可像自由市场做生意那样赤裸裸的，一口一个"有事吗？"，"你帮了我的忙，下次我一定帮你"。忽视了感情的交流，会让人兴味索然，彼此的交情也维持不了多长时间。

科学家曾在风洞试验中发现了这样一个现象：成群的大雁成"人"字飞行时，比一只大雁单独飞行能多飞20%的路程。这是为什么呢？原来大雁的这种互助行为，减少了风的阻力。其实人类也一样，当你帮助别人时，自己也得到帮助。

美国南部的一个州，每年都举办南瓜品种大赛。有一个女农场主的成绩相当优异，经常获得一等奖。她在得奖之后，总会慷慨地将得奖的种子分送给邻居。有一位邻居不解地问她："你的奖项得来不易，每季你都投入大量的时间和精力来做品种改良，为什么还这么慷慨地将种子送给我们呢？难道你不怕我们的南瓜品种因而超过你的吗？"

这位农场主回答："我将种子分送给大家，虽是帮助大家，但也是在帮助我自己！"

原来，这个镇上家家户户的南瓜田地都毗邻相连。如果女农场主将得奖的种子分送给邻居，邻居们的南瓜品种得到改良，就可以在传粉的过程中促进她的南瓜品种改良。相反，如果她吝啬自私，不给邻居优良种子，则邻居们在南瓜品种的改良方面势必无法跟上，那些较差品种的花粉传播给自己的南瓜，她反而必须在防范外来花粉方面大费周折而疲于奔命。

由此可得到启示，一个想获得成功的女人养成乐于帮助别人的习惯很重要。因为在这个竞争日趋激烈的社会里，随时都有可能需要某个人的帮助，这便是你为什么要感情投资的原因。

8. 女人一定要有热情

做女人一定要有热情，这也是做女人的一个法宝。没有热情的女人一无所有。更别提什么优雅的气质。热爱生活的女人，从不放弃任何尽情享乐的机会。热情的女人最懂得生活情趣，感情丰富细腻，她们通常体贴入微，纯真大胆，喜欢迎接挑战，尽情探索人生。

热情是发自内心的兴奋，并扩充到整个身体，从一定程度上来说，热情控制着你的思维和情感。在构词上，热情是由两个希腊词根"内"和"神"组成的，"热情"就是内心深处的神。在卡耐基的办公桌上裱糊着一句话，无独有偶，麦克阿瑟将军在南太平洋指挥盟军作战的时候，这句话也同样出现在他办公室的墙上。这句话是："没有了热情，就会伤及灵魂。"

热情能唤起人内心深处神奇的力量，让人散发出一种炽热、神性的光辉，那就是吸引人和感染人的魅力。

露西在快要毕业的时候参加了一个图书展览会。对于图书她向来怀有极大的热情，也正是这个原因，她一直都想在出版行业找一份自己喜欢的工作。

可是因为缺少这方面的工作经验，几次面试都没成功。"我们需要熟悉编辑和印制流程的员工，你现在还不太符合我们的条件，以后有机会我们再合作吧……"她得到的总是诸如此类的回答。

是的，她的确没有什么经验，只是出于一种爱好。她怀着极大的兴趣，倾听那些富有经验的书籍制作者介绍封面的设计和选题的创意。一位五十多岁的出版人正在和前来订书的批发商侃侃而谈。他的脸上洋溢着激动和热情的光彩，讲述起那些书的制作过程，就像一个慈祥而伟大的母亲谈论自己骄傲的孩子。

露西在心中惊叹道："我从来没有见过这么热情的人，而且是一个五十多岁的老人！"

露西无法挤进那些批发商人的前面，只好在一旁专注地踮着脚倾听。书商们陆陆续续地走了，"你好，请问你是？"突然，老人对露西说道："我注意到了，你一直都在旁边听！"

"是的，我从来没有见过你这么热情的人！你讲得太精彩了！"露西欣喜地说。

"看得出来你也很热情，而且你身上有一股闯劲！"

当老人了解到露西的基本情况后，他热情地说："我需要的就是你这样的人！到我的公司来做事吧！"

"可是我没有经验！"

"有热情一切都会有！"

露西就这样在无意中找到了一份工作，因为她对这份工作充满了热情，所以做得很好。

老人因为热情，敛聚了一群批发商的人心和露西的心，露西也因为热情得到了老人的认可，成功地找到了自己想要的工作。

热情就是能产生这样一种神奇的力量，只要你拥有它，即使你有一些不足，别人也会原谅，因为"有热情一切都会有"。你一定要有热情，否则，再有才华也会一事无成。

热情的人会很自然地把他内心的感情表现出来，一个充满热情的人，他的志向、兴趣、为人和性情都能从他的走姿、眼神和活力中看出来。你的热情表示出你对这次见面、这次交谈、这次活动和这个人发自内心的喜欢。你的热情会使人们把谈论的中心转移到他们最感兴趣的事情上。与此同时，把热情传递给你身边的人，他们也会因此觉得和你在一起很快乐。缺乏热情的人，他们的谈话生硬而没有趣味，做起事来拖沓，没有规划，让人看不到希望。

一旦缺乏热情，军队将无法克敌制胜，艺术品将失去核心和灵魂，震撼人心的音乐也不会出现，更不可能有无私的奉献精神来拯救和美化这个世界。热情可以鼓舞人心，这鼓舞类似于"热传递"，直接把你的热情输送给别人，这比任何商讨、说服、威吓或责骂都要奏效得多。

热情和大声讲话或叫喊是两回事。热情是一种热情的精神特质，它深深地根植于人的内心，是一种由你的眼睛、你的面孔、你的灵魂、你的整体辐射出来的兴奋，你的精神将因之振奋，而这振奋也会鼓舞别人。值得注意的是，虚情假意是骗不了人的。过分的热心、刻意地迎合，这些都是可以看得出来的，也没有人会相信。

热情并非与生俱来，而是后天的特质。你在别人身上付出的热情越多，你得到的人心也就越多，因为你在付出热情的同时也就影响了别人的灵魂。

每一个人都有一定的愿望，有的愿望热得发烫，而有的愿望冷冰冰的。要能够成功，必须使愿望充分燃烧，只有充分燃烧的愿望才可能实现，而燃烧愿望的就是热情。而一个人的愿望能否实现，与这个人是否能对他的愿望倾注极大的热情，并保持这种热情有很大关系。

但现实生活中的多数女人，不能为自己的愿望倾注较大的热情。更多的女人，只有三分钟的热情，干什么事情开始信心很大，热情很高，但很快就会缺乏热情。热情是来也匆匆，去也匆匆。这是她们不能成功的主要原因之一。大多数的女人缺乏持久不断的热情，从而浪费了太多的精力和时间，没有成效。从经济学来看，这是毫无效益的投入，也是许多女人沮丧的根本原因。女人们的失败，使她们怀疑一分耕耘，一分收获；怀疑成功是否可能；怀疑她们自己的能力，丧失信心。在她们的眼里热情就是生活的累加。

如果女人对愿望有强烈的渴望，有高度的热情，一门心思地去追逐愿望，有"衣带渐宽终不悔，为伊消得人憔悴"的热情，那么愿望一定会实现。高度的热情会使女人的潜能得到充分的燃烧，从而使自己的能力得到极大的发挥。在热情燃烧之下，女人会以无所畏惧、勇往直前的精神，去追逐自己的目标，实现自己的愿望。女人一定要对生活有高度的热情，这样才会把愿望点燃，实现自己的远大目标。

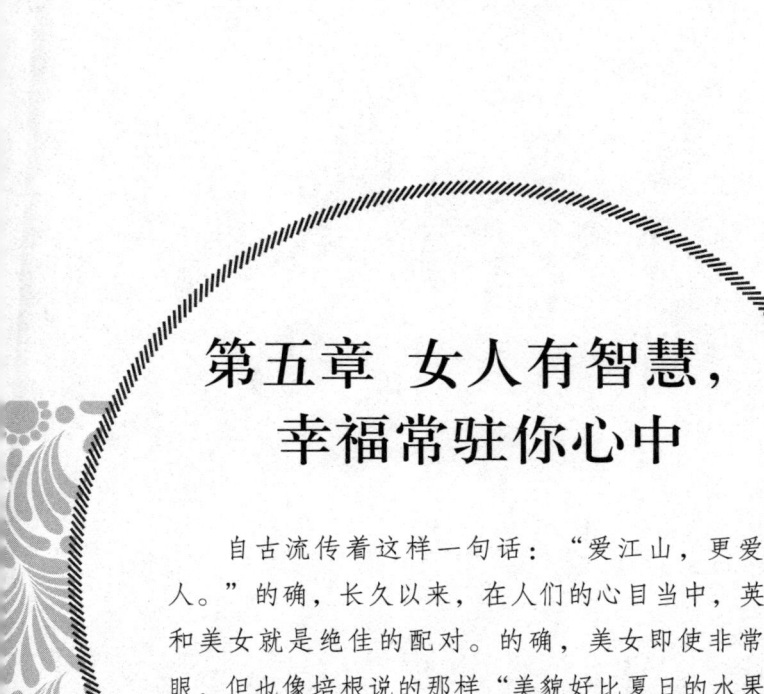

第五章 女人有智慧,幸福常驻你心中

自古流传着这样一句话:"爱江山,更爱美人。"的确,长久以来,在人们的心目当中,英雄和美女就是绝佳的配对。的确,美女即使非常养眼,但也像培根说的那样"美貌好比夏日的水果容易腐烂",而智慧型的女人却会随着岁月的沉淀而更加丰厚。

1. 把握好异性交往的分寸

　　光交同性朋友，可以说只打开了交际的半边大门，要想干成一些事情，最好是把大门全打开，既交同性朋友，又交异性朋友。

　　性别，的确是男女交往中的一条鸿沟。一个男人和一个女人交往时，性的潜在可能是经常存在，但这并非不可避免、必然发生的现象。一个男人不一定非得做了你的"情人"，才能成为你"最好的朋友"。

　　结交异性朋友是当今社会开放的一种新型的社交现象。过去那种男女授受不亲的时代已经过去了，我们现在经常看到社交场合中男女握手为友，彼此平等交往，共谋大业，展现了开放时代的开放精神。

　　一位女性这样说：我很幸运，有好几个同女性朋友一样的男性朋友——我们可以撇开性别的禁忌，无拘无束地谈论我们最隐秘的思想和情感。如果我说出一个闪过脑际的很琐碎的想法，诸如"我是不是该剪头了？"或"你觉得我该把这屋子怎么布置一下？"他们听了不会打哈欠，也不会对我的问题避而不答。我的男性朋友们总是不带任何评判和责备地倾听我对他们诉说我的恐惧，我的担心，我的各种问题和莫名其妙的烦恼，而我也是以同样的方式对待他们。

应该承认，男女间除了性的关系，还有一种真诚的友谊存在，异性朋友可以互补互敬，互相促进。人是靠各种各样的感情生活于这个大社会当中的，曾经有人将介于爱人和朋友之间的感情称为"第四类感情"，也有人曾热烈地讨论过"男女之间除了爱情是否有其他感情因素存在"。其实，无论男人还是女人，或许都需要全方位的感情关怀，这几类感情之间可能有互相不能替代的成分，"蓝颜知己"这种称谓的出现表明，人们正在不断演绎和区分种种感情新模式。

这是一种新型的男女关系，它不同于恋人，两人之间的距离比恋人要远。也不同于朋友，两人之间的距离又要比朋友来得近，在这种关系中男人把女人叫作"红颜知己"，女人把男人叫作"蓝颜知己"。以往我们过多地描述"红颜知己"，而忽略了"蓝颜知己"。其实正是这些"蓝颜知己"们用自己健康的心灵去安慰、关怀着现代女性们，才使女人们走出以家庭、婚姻为主的情感旧旋律而构建起更为丰富、完整的现代新型感情世界。

那么，如何把握异性交往的分寸呢？这里大有学问。

（1）自然交往

在与异性交往的过程中，言语、表情、行为举止、情感流露及所思所想要做到自然、顺畅，既不过分夸张，也不闪烁其词；既不盲目冲动，也不矫揉造作。消除异性交往中的不自然感是建立正常异性关系的前提。自然原则的最好体现是，像对待同性同学那样对待异性，像建立同性关系那样建立异性关系，像进行同性交往那样进行异性交往。

（2）不宜过分亲昵

过分亲昵不仅会使自己显得太轻佻，引起人们的反感，而且还容易造成不必要的误会，即使是已经确定关系的恋人也最好不要随意流露热情和过早的亲昵。

（3）不宜过分冷淡

因为冷淡会伤害男方的自尊心，也会使人觉得你高傲无礼，孤芳自赏。

（4）不必过分拘谨

在和男性的交往中，要该说就说，该笑就笑，需要握手就握手，需要并肩就并肩，忸怩作态反而使人生厌；反之，过分随便也不好，男女毕竟有别，有些话题只能在同性之间交谈，有些玩笑不宜在异性面前开，这都是要注意的。

（5）不要饶舌

故意卖弄自己见多识广而哇啦哇啦讲个不停，或在争辩中强词夺理不服输，都是不讨人喜欢的；当然，也不要太沉默，老是缄口不语，或只是"噢""啊"，哪怕你此时面带笑，也容易使人扫兴。

（6）不可欠严肃

太严肃叫人不敢接近，望而生畏；但也不可太轻薄。幽默感是讨人喜欢的，而"二百五"地故意出洋相，还自以为幽默，就适得其反了。

（7）留有余地

即使是结交知心朋友，但是异性交往中，所言所行仍要留有余地，不能毫无顾忌。比如谈话中涉及两性之间的一些敏感话题时要回避，交往中的身体接触要有分寸等。特别是在与某位异性的长期交往中，要注意把握好双方关系的程度。

异性之间的友情是一泓清泉，而不适度的交往就像投入泉心的石子，会搅浑它。有些界限不能盲目跨越，如果跨越了某个界限，就会使我们陷于污泥之中不能自拔，伤害了他人也伤害了自己。

异性友谊对男女双方都是一个促进，使双方的社交圈进一步扩大，学到更多的东西。如果男人和女人在交往中，双方的付出都是平等的，且只想友谊而不是爱情，那么，两性之间就会建立起良好的、高尚的关系。这对双方都有好处。

异性友谊虽比较难处理一点，但只要双方保持克制，以纯真对待纯真，两性之间也能建立起良好的、高尚的关系，且能发挥优势互补的作用，这对双方都非常有益。

俗话说得好：男女搭配，干活不累。过犹不及！异性之间交往要适度，不要交往过密，也不要对异性朋友封闭自己。要在正常的范围内，热情大方地去和异性交往，找到自己真正的朋友。

2. 善解人意的女人讨人喜爱

善于站在别人的角度看问题，善于为他人着想，善于谅解别人，必是一位善解人意、讨人喜爱的女人。一个人或许会犯错，但他本人并不一定会意识到这一点。不要去责怪他，那样做太愚蠢了，应该试着去了解别人，这样的人才是真正聪明、宽容的女人。

由于我们在现代生活中会有多层次情感发生的可能，你就要把理解的金钥匙当作一件艺术品来精心经营。

女人富于幻想，也爱做梦；在爱情占有上是永无止境的。女人永远是甜蜜事业旋转的主轴。所有的女人都希望婚姻是爱情梦的一种延续，但男人在实际生活中，因疏忽而犯的错误，或无意间说了错话，伤了对方的感情，都可能给爱情蒙上阴影。因此，作为一个善解人意的女人，在魅力的法则上，会给对方更多一些理解。

男人们多数都是极具理性的，他们不会因为善解人意的女人谦让而得寸进尺，他们会对善解人意的女人心存感激。在生活的河流上，他们同乘一条船，用风雨同舟显然已经不够了，因为在男人眼里，善解人意的女人不仅仅是坐船的，也不仅仅是划船的，而是帮着男人撑船的。

作为女人，如果能把善解人意作为一生的功课来做，这样的女人，一生最有好人缘。

善解人意，不应仅从文字上做善于揣摩人的心意去理解。其"善解"的"善"，也不能仅作"善于"解释。它还应包含善心、善良的愿望这层意思。善解人意，首先要与人为善，善待他人，而后才能理解人、谅解人、体察人，体现出人格的魅力。

俗话说，"善心即天堂"。只有怀抱善心的人，才能爱人、欣赏人、宽容人。本来"人"字的结构是互相支撑，懂得相互接纳、相互合作、相互融洽。尊重他人的优势和才华，也宽容他人的脾气和个性。无论是对亲人还是对别人，完全是欣赏对方美好的地方，而不去计较他人的缺点，或者说与自己不合拍的地方。不能理解的时候，就试着去谅解；不能谅解，就平静地去接受。有人说："人生最可贵的当口便在那一撒手。"而善解人意者就很具有这种"放人一马"的涵养功夫。

有人说："用你喜欢别人对待你的方式去对待别人。"我们每个人，都是需要别人理解、同情和尊敬的。推己及人，与人相处应该豁达一些，来个"礼让三先"：与同事相处先让三分，与长者相处先敬三分，与弱者相处先帮三分。果然如此，那么沐浴我们的必将是阵阵和煦的春风和一片灿烂的阳光。

善解人意，还在善于体察他人的心境，给人以及时雨一样的帮助，让温馨、祥和、慰藉来沟通心灵。比如：对窘迫的人讲一句解围的话，对颓丧的人讲一句鼓励的话，对迷途的人讲一句提醒的话，对自卑的人讲一句振作的话，对苦痛的人讲一句安慰的话……这些非物质化的精神兴奋剂，既不要花什么金钱，也不要耗多少精力，而对需要帮助的人来说，又何异于旱天的甘霖，雪中的炭火？

人生在世，与人为伍，许多人常叹善解我者难求。那么，一个聪慧的女人，就会学着去善解他人，而当自己在善解他人时，他人也将善解你。

善解人意的女人是最"女人"的女人。善解人意的女人最有女人味，善解人意的女人最让爱她的男人放不下。

善解人意的女人譬如一方美玉，本不需要刻意地修饰与装点。善解人意的女人丰富而又单纯，朴实而又清澈，她的特质恰与美玉的特质相同。

善解人意的女人自有不可抗拒的魅力。因为她的美景是深蕴于内而形之于外的，没有丝毫人为的痕迹。

善解人意的女人很会设身处地进行换位思考。比如在婚姻生活中,她知道躺在身边的这个男人虽然是她今生今世的至亲至爱,但作为一个个体的男人,他那颗心属于她的同时,更多的还是属于他自己;她知道,对于男人来说、外面的世界的确比家里要大得多;她还知道这个男人对她很爱恋,但男人的事业还是不同于爱情。

因此,善解人意的女人无论在什么时候都不会把男人当成私有财产,要男人对自己言听计从,不会在男人忙于工作时抱怨男人不顾家,也不会要求男人时时刻刻牵挂着自己。善解人意的女人知道好的男人就像是高空中盘旋的鹰,只有当这鹰很累了想要休息了的时候,才会回到女人身边,才会想起享受她的爱慕。

善解人意的女人是娴静的。善解人意的女人该是"守如静女,出如脱兔"里所指的"静女"。就像你不会忽视了挂在厅堂里的一幅淡雅的水墨画儿一样,在稠人广众之中,你也不会忽视了一位安静地独坐一隅的善解人意的女人。

善解人意的女人不会轻易受外界的干扰,任凭一些红男绿女在那里吵翻了天,她仍能独守着那一份娴静。她会专注于你的谈话;你提问的时候,她会轻声儿地回答。当她高兴地望着你的时候,她脸上的笑窝也是浅浅的,让人联想起荷塘上小鱼儿跃出水面的情景。

3. 灵活应对心怀不轨的男人

在交往中，当女人遇到不怀好意的男人挑逗时，是冷眼相对，置之不理；还是厉声斥责，大发雷霆；或者高声辱骂，把对方训得狗血淋头；还是巧妙地使对方算计落空，知趣而退？不妨试试下列方法。

（1）激发对方的廉耻心

故意曲解对方的不良举动，将其理解为善意的行动，以此触动对方的廉耻心，使其不好再乱来。

当对方萌生了不良念头，试探性地采取初步举动时，女性朋友应该保持镇定，不要露出惶恐无助的样子，让对方认为自己软弱好欺。此时，设法激发其廉耻心是一个较好的计策。女性朋友装成不懂对方的用意，将其举动说成是善意行为，并提起他的女性家人、朋友，暗示她们也有可能受到别的男人的类似的骚扰，促使其将心比心，为自己的不检点行为感到惭愧，从而不好再做进一步的侵犯。

（2）软中带硬

用表面温和的但实际是尖锐讽刺的语言反击对方，使其无法软磨硬缠下去或借口发火。这种方式在一些公共场合比较有效，既不扩大事态范围，又体现自己的涵养。不温不火，让对方哑巴吃黄连，有苦说不出。

在行驶着的小巴上，王欣要求一个男乘客购车票。男乘客说："我没有零钱，下次再买。"王欣说："乘车就要买票，这是规矩。如果确实没有零钱，我也可以给你兑换。"男乘客大发其火，粗着嗓门耍横："我没有钱？笑话。不要说买张车票，就是连你一块儿买了也不成问题，你信不信？"周围的旅客都为王欣捏了一把汗。只见她冷静地说："我相信你有钱，但不相信你这么不自量力。"在大家的笑声中，那位男乘客无地自容，只得乖乖地买了车票。

（3）婉言威胁

表明自己有一个强有力的人物或集团作后盾，暗示对方如果行为不检点，必将吃到苦头，使其产生畏惧心理而退却。

"一物降一物"，再色胆包天的人也不敢因为一时的冲动而得罪比他更强悍的人物或集团。因此，女性在受到不轨之徒的纠缠时，不妨找一个强有力的后盾，用"靠山"的力量来压住对方的气势，警告其不要故作非为、自讨苦吃。对方为自己的利益着想，不会做出因小失大的事情，自然会无奈地打消非分之想。

（4）牵住他的鼻子走

不直接挖苦、斥责对方，而是顺着对方的思路谈下去，最后话锋一转，得出一个令对方大出意外的结论。这种方式一波三折，很有攻击力量，让对方猝不及防。

在一次舞会上，一男子邀请小琴跳舞。他说："你知道吗，小姐，我非常爱你。"

"爱我的什么呢？"

"爱你的一切。"

"我的一切包括丈夫和孩子，请问，你也爱他们吗？"

小琴的巧妙、幽默的对答，不仅维护了自尊，也表明了态度，使那男子碰了一鼻子灰，无可奈何。

（5）借他人之口委婉指责

在不方便直接出面指责对方不良行为的情况下，寻找第三者，采用技巧委婉的方式提醒对方，使其意识到事情已经败露而自动放弃。

有些男人的不良行为不是当面所做，因此抓不到明确的证据，如果直接出面进行揭露和指责的话，对方有可能反咬一口，诬蔑受害者无中生有。此时，女性朋友可以请第三者出面，以委婉的方式提醒他，纸包不住火，事情已经败露，警告他不要一错再错，对方受到警告后，必然不敢肆意妄为。

（6）用幽默嘲弄对方

有时，如果一本正经地加以警告或训诫，油滑之徒未必罢休，会借题发挥，抓住"正经"二字大做文章。在这种情况下，用幽默诙谐的方式嘲弄对方，效果较好。

如果有男同事开了一些出格的玩笑，板起面孔可能使关系闹僵，这时可采用幽默的方式回击对方，既不使对方难堪，又可使自己巧妙渡过"难关"。

孙山问小燕："随便问一下，你怎么还不结婚。"小燕笑了笑，说："看不出你还很关心人哩，多谢了。"这不轻不重的话，笑谈中不乏嘲讽，"多谢了"中暗含蔑视，让对方觉得自讨没趣。当然，这种方式应掌握分寸，以幽默对付轻浮，弄不好会适得其反。

（7）指出后果，令其畏怯

先明朗地表明自己的态度，然后严重指出对方不良行为可能酿就的严重后果，使其清醒而放弃。

破坏念头冲错了头脑的男人常常失去理性，忘记了自己的图谋不轨会带来的恶果。因此，女性在自己的安全受到威胁时，应该义正词严地训斥对方，指出其行为违背了社会伦理道德，一意孤行只会自食其果。对方遭到一番严厉的斥责后，理智被唤醒，必然会冷静地做出正确的选择。

（8）打中对方要害

轻薄的人虽然脸皮厚，但因心怀不良图谋，所以毕竟心虚。如果能蛇打七寸，打中其要害处，对方会不堪一击。

办公室里，几位男同事在谈VCD中的"精彩"镜头，绘声绘"色"，眼光不时瞟一下在一旁不声不响干活的甜甜。其中一人对甜甜说："别不好意思嘛，瞧瞧，你的脸都羞红了。"

甜甜正色道："不，我是为你们感到羞愧。"现在，轮到那几个男同事脸红了。

当然，对胡搅蛮缠之徒，那就需要你拿出胆量和勇气，予以正面驳斥和坚决反击。对待死皮赖脸的人，不留情面是最好的一招。

总之，遇到交往中不怀好意的男人，聪明的女性应机智善变，灵活应对。

4. 用信任"取悦"你的丈夫

　　成熟的女性必定有豁达的气度,她将以这种豁达去理解、支持丈夫的事业。夫妻间的感情是以互相信任和理解为基础的,你不相信、不理解丈夫,他凭什么信任和理解你呢?你的丈夫在事业上取得了一定的成就,社会活动肯定会越来越多,交际也会日益广泛,其中必定会接触到年轻漂亮的女性和一些敬佩、崇拜他的女性。对此,作为妻子的你要有豁达的气度给予充分的理解,要相信自己的丈夫,同时既要对丈夫保有警惕,但又不能拎着醋瓶子到处走,不要随便怀疑和无端指责,更不能偷偷摸摸去打听、去调查、去寻找所谓的证据。

　　每个人都有属于自己的感情世界,这是谁都无法抹去的事实。但那只是人生中的过眼云烟,你不能追溯到过去阻止他或她,因此,无论你面对的是自己的过去还是对方的过去,都应该以一种理性和信任的方式去解决它,而不是把它变成自己生活的负累。重提不愉快的往事会给自己带来伤害,也给对方带来了不必要的痛苦,最终将会导致两个人的感情出现裂痕,因此不要活在彼此过去的影子中。走出痛苦的阴霾,面对现在的美好生活。

　　小李丈夫的公司来了一位新同事,无巧不成书,这位新同事就是小李丈夫以前的女朋友，她的丈夫没有将这件事情隐瞒，而是坦白地告诉了她。要是别的女人也许在面对丈夫坦白的情况下也会整日惶恐不安，毕竟他们两个曾经是相爱的一对。而小李却是个聪明的女人，并没有介意他们之间的往事，反而和丈夫的旧情人成了朋友。小李有时间就去找她吃饭逛街，两个人无话不谈。彼此的关系变得非常的明朗化。她的丈夫和旧情人死灰复燃的机会当然就变得没有可能了。

我们不得不承认，小李是个聪明的女人。和他的旧时情人成为朋友，总比猜测他们的旧恋情要好得多。把爱情放在最危险地方也是最安全的地方。两个曾经相爱的人无论因为什么样的原因分开，其间总会有一种难以表述的特殊感情。人的记忆总是习惯记录下美好的瞬间，所以，即使是痛苦的恋情也会变成一段值得品味的回忆。就像电影中经常描述的那样，一个人在30年后见到了初恋情人，仍会有不少故事发生。旧时情人是一种极具杀伤力的武器，随时会导致严重后果。想保护好自己的爱情，没有比和对方的旧时情人成为朋友更好的办法了，毕竟最危险的地方也就是最安全的地方。把她和他的联系，变成两个家庭的联系，把所有隐秘的关系变得透明，不失为明智之举。两个家庭在一起的时候，每个人都希望自己的家庭看起来比对方的家庭幸福，就像两个分子，当其内部的原子紧密结合的时候，便不容易发生反应，这正是期望的结果。

成熟的女性会用细腻的感情去体贴丈夫，并对他的异性友人予以一种无形的"关照"。她知道这不仅这是一种责任，也是奠定夫妻之爱的基础。而这种关照，本身往往就是对丈夫情感的巨大压力。

有个叫玲玲的女人的故事，或许能给我们更多的启示，她说：

丈夫有女友已好些年了，我知道这事也好些年了。那时丈夫与其女友是电大同窗，在一个城市。而我在另一个城市，后来丈夫来到了我的城市，他的女友则去了另一个城市。城市不城市的倒没什么，辗转来辗转去，丈夫还是丈夫，女友还是女友。

有一次，我与丈夫散步到了他上班的办公楼前，我突然对他的办公桌抽屉有了兴趣——焉知那里藏了一个男人的什么秘密？我想到说道："你的女朋友最近来信了吗？"丈夫一警惕："前一阵子来了一封，忘了带回家。""能看看吗？""怎么不能？"丈夫做出迫不及待的表情。我笑了："她向我问好了吗？""问了。""既如此，不看也罢。"我把手一挥，很洒脱很大方地转身而去。奇怪的是，后来我把这事作为笑话讲给周围的女士们听时，竟没有一个人相信它的真实。

丈夫与他的女友不仅通信，还相互留有电话号码；那么自然的，他们肯定还要通电话。除此之外，逢年过节，两个人之间，还时有精美的或不那么精美的贺卡传递。关于这一切，丈夫似乎并无瞒我之意，所以，我也从不把它放在心上。说真的，我要操心的事多着哩，哪有时间精力瞎捉摸他们的事。

自从丈夫与我做了同一个城市的市民后，偶尔地，我就从丈夫的口里听到了他的女友的一些消息：去了一趟香港啦，在深圳拍了照片寄来啦，女儿唱歌比赛获奖啦……当然这些都不重要。重要的是，这位女友是个离异了的单身女人。这个背景提示给我这样两个信息：第一，丈夫与她交往，没有什么麻烦，至少不会有男人打上门来与他决斗——那样影响多不好呀；第二，丈夫若对她有意，至少在她那方面是没有客观障碍的。知道了这一点，我虽稍有不悦，但转而一想，难道我和丈夫之间的关系，还要取决于别的女人的婚姻状况吗？那岂不是太可笑了？于是由它去。

后来，大概是觉得光通过传媒交流感情还有不足吧，丈夫和他的女友，还借出差的机会，在这个城市和那个城市见过面。丈夫去见他的女友我自然不在场。奇怪的是，他的女友到我们城市来过两次，我也总是在他们见过面吃过饭谈过话以后才得知，我说你怎么不请她来家里玩呀？丈夫说她忙着走呢，汽车都等在招待所大门外了。我说真遗憾那就下次吧。丈夫说那就下次吧——其实我压根儿也不遗憾。

关于丈夫和他的女友的故事看来还要继续下去。有很长一段时间没听丈夫说起过他的女友了。不过一般来说我不过问他也不会主动提起他的女友的。当然这话也不全对，比如好几次他和女友见面的事都是他自己回来说的，不然我哪会知道呢？

不过也不是每次都这样。有一次丈夫到北京出差，本可以晚一两天走的，他却执意要提前动身。我说要不要我送你，他说免了免了。当时我就猜他已与女友联系好了，所以不能更改。丈夫走以后，我到婆婆家度周末，一大家正坐着吃饭，说起他来，我说他去会女朋友去了，大家笑得喷饭，以为我很幽默。我说是真的，他的女朋友叫张××，在哪里工作，离婚好几年啦。丈夫的兄弟媳妇说，那你可要当心哇。我说真要有什么，就随他去好啦。后来丈夫从北京回来，晚上躺在床上，我问他，是不是与女友会过面？他说你怎么知道的？我说这还猜不到呀。这样，我才知道，女友果真到车站接了他，两人还在什么咖啡厅里度过了好几个小时——至于谈了些什么，我没问，也不想问。

据我的观察，这么多年来，丈夫与他的女友，也就是个女友而已。即或两人之间真有点儿什么微妙的东西，也是可以理解可以容忍的。因为，人人都会有只属于自己的东西。丈夫虽然做了我的丈夫，他依然有权利为自己的心灵保留点什么，你不情愿、不承认也无济于事。有的男人或女人就是在这点上想不通，给自己的生活增添了许多烦恼——我可不愿那么傻。

玲玲是个成熟的女性，她善于去理解、信任丈夫。也正因为这点，他们夫妻间的感情反而更加牢固。丈夫的女友仅仅是女友而已，她永远不能取代玲玲作为妻子在他心目中的位置。设想一下，如果玲玲阻止丈夫和女友之间的交往，甚至对丈夫疑神疑鬼，监视丈夫的行踪，就完全有可能造成把丈夫推向他的女友的结果。

夫妻间最有价值的理解和信任，是他们增进感情的最有效的渠道，因为这是知己者的欣赏。成熟的女性知道如何用独特的魅力去取悦丈夫。

5. 吃亏越多，幸福越多

夫妻之间不能计较得失，家庭是一个最小的单元，两人只能同舟共济方有幸福的生活。因此，在家庭中唯一的目标是使家庭生活幸福、美满，为实现这一目标，一切都可以调整。

有的丈夫有大男子主义，只愿妻子在家照顾自己，其实这是一个很不好的办法，因为妻子对一个男人来说不仅仅是助手、帮手，对家，她还是你精神的伴侣，长期把妻子置于家中，妻子的精神就会衰变，而整日在外的丈夫有一天会突然觉得她失去了光彩，不再吸引你，于是家庭的裂痕就可能出现。所以，在家中，丈夫多吃些亏，干些家务并不是坏事，自己似乎多吃些亏，浪费些时间，但却与太太增进了感情。

反之亦然，一位妻子若只想自己的享乐，从未把帮助丈夫列入自己的计划，下班以后，晚上活动不断，从不在家；如果在家了只是干自己的事，玩自己的，对丈夫不问不管，这样的妻子是够痛快的，但终究会失去丈夫的爱心。一个妻子要把丈夫的事业视为自己的"终生职业"，这样似乎个人少了一些玩的时间，但收益却是无穷的。糊涂学的情爱之道在于想对方，为对方，看起来吃亏很大，但实际上是吃亏越多，幸福越多。

一个家是由两个人维护的，那么以谁为主？两个人都是有事业的，那么家务由谁来做？家庭生活里这些矛盾是不可回避的。怎么办？

多想对方。少想自己。多做贡献，多做牺牲是最好的办法。

首先，我们看一下如何处理。

婚后夫妻常常面临一个突出的矛盾，即事业和家务之间的冲突。中年夫妻中，这个问题更加尖锐，事业与家务矛盾处理得好不好，直接关系到事业上成败和夫妻关系的稳定与否。

事业与家庭的矛盾主要体现在业余时间的支配上，除了上班和休息时间以外，每天的空闲时间总是有限的。用于家务时间多了，用于事业的时间必然就少；而事业上的发展是与时间精力的投入成正比例的，家务繁重，势必影响事业的发展。用于事业的时间多，就很难兼顾家务劳动，尤其是双职工家庭，两人都有自己的工作，同时家务又很繁重，事业和家庭的矛盾就更加突出。这个矛盾如果解决不好，就会给夫妻关系带来麻烦。要妥善处理夫妻间因事业和家务而引起的矛盾，可以在三方面下功夫：

第一，齐头并进。

首先是在事业上夫妻共同前进。各自根据自己的兴趣爱好、特长，选定自己的主攻方向，互相支持，携手前进。特别是在双职工家庭，夫妻都有自己的工作、事业，实行岗位责任制后，人员有定额，工作要求高，需要不断更新知识，提高业务能力。作为丈夫，要破除"天然中心"的思想，而妻子则要克服自卑心理和依附心理，古今中外在事业上有造诣的人，女性不乏其人，如中国古代的蔡文姬、花木兰、李清照，现代的冰心、丁玲、郎平、孙晋芳及居里夫人等等，在事业上，男女是平等的，不存在谁依附谁的问题。如果夫妻在事业上都需要发展提高，那么就要互相配合，予以平等的发展条件。其次是在家务上齐心协力，密切合作，见缝插针。

夫妻都要做到眼勤、手勤、腿勤。其实有些家务活很简单，只要夫妻一起干，很短时间就能料理完，这样既不耽误双方的事业，又能及时做好家务。还能充实生活内容，增进夫妻感情。

第二，保证重点。

所谓"保重点"，就是一方甘愿作出自我牺牲，多承担家务，保证配偶集中时间和精力从事于自己的事业。这里首先要解决重点的确定问题。重点并非自封的，也不是某人指定的，而是根据客观需要和夫妻各自的素质、潜能等综合的考虑。一般说来，谁的发展前途大，谁急需要更多的时间学习提高，就以谁为重点，所以男女都有可能作为重点。重点确定后，非重点的一方要自觉主动地承担家务，当好配偶的"贤内助"，为其事业成功铺平道路。

鲁迅的夫人许广平，在文学上也是有很大造诣的，但为了支持鲁迅的事业，她主动地当起贤内助。有段时间家里经济较拮据，她想外出工作，但后来还是放弃了初衷。因为她同鲁迅商量后，觉得这样做势必拖累鲁迅，得不偿失，于是，她就任劳任怨地甘当鲁迅的"后勤部长"。生活中，不少妻子为了丈夫的事业，默默无闻地牺牲自己。也有丈夫为了妻子的事业而甘当配角，家务一身担，孩子包下来，以解除对方的后顾之忧。

当然，非重点的一方也应该积极创造条件，不断提高自己，尽量缩小夫妻间的素质差异，以保持"角色平衡"。

在一对夫妻中，并非重点永远是重点，非重点永远是非重点，两者是可以相互转化的。比如，开始是妻子包下家务，使丈夫读研究生，当丈夫毕业，有了稳定的工作时，妻子又由于工作的需要而外出进行业务进修。遇到这种情况时，丈夫和妻子都要尽快适应这种变化，顺利完成重点与非重点的位置互换，尤其是降为非重点这一方，要努力消除心理上的失落感，挑起家务重担。

第三，简化家务。

美国的琼斯夫人在她的《时间的挑战》一书中，强调人们应简化家务，致力于自己的事业。为使人们更好地利用时间，提高工作效率，琼斯夫人提出了一些简化家务的具体措施：去商场购物，外出进餐或去看电影，一定要避开交通高峰期；多留几把备用钥匙，放在易找的地方，当"值日者"失踪时，你可以马上调用"后续部队"；不要试图让任何事情都完美无缺，那只是无益的空想，只要把家收拾得井井有条，窗明几净，令人舒畅就行了；无论是对家人还是客人，饭菜都要简单一些，你不拘礼节，客人就会感到轻松自然。回请时，他们也就不会浪费时间"大宴宾客"了。

总之，夫妻双方必须有对共同事业的理解和追求，要相互尊重和体谅对方在事业上的时间投入和精力投入，为对方事业的成功创造条件。

6. 把丈夫"吹"起来

世人对每一个男人的印象，往往来自他的妻子对他的态度。谦虚的男人是不喜欢自夸的，但是，如果他的妻子在众人面前为他吹嘘一番，只要她能够保持一种良好的风度，那不但无伤大雅，还会引起人们的浓厚兴趣，从而起到意想不到的正面效果。

赞美是一种聪明的、隐藏的、巧妙的"献媚"。生活需要真正的赞美来调和；成功需要赞美来填充颜色。成功正是由于赞美才得以更加耀眼招人。而失落时也需要赞美，一条失败的略并不是毫无是处，再丑陋的东西也终会有美丽的一面。只有认真的发现值得赞美的点点滴滴，人们才能够看到充满阳光的明天，世界也正是由于这些赞美才变得如此扣人心弦，摄人心魄。

在男女相处中就有了这样一个原则：作为女性，不要对男人的要求过于苛刻，过分挑剔，更不要拿别的男人和他来比较，应当温柔地鼓励他、赞赏他，为他打气加油，努力寻找他身上的闪光点。当他把一件很平常的事情做得非常圆满，当他向他的梦想迈出了小小的一步，女人就应该马上开始赞美他，这个时候女人的赞美不仅仅是一种肯定，而是在向他注射自信，这样也倍增了自己作为女性的魅力。同时，女人的赞美会改变男人的人生观和整个处世方法，让男人感到他有义务和激情去更努力地工作，为了家庭、为了妻子、为了两人以后的美丽人生而努力获得更大的成功。

著名心理咨询专家凯苏拉曾救助过一个近似废物的哑巴，他的名字叫艾理。凯苏拉每天注意观察艾理的举止，并及时对他所表现出的任何良好的言谈举止给予鼓励和赞扬，对他最微小的健康表现以及他脸上和嘴上的任何一点微小的动作都给予肯定。一点一点，一天一天，奇迹终于出现了。31天之后，艾理能说话了，能大声读报刊书籍，而且对百分之九十的问题能正确回答。这就是赞美的力量。

此外，女人除了给男人以自信的鼓励和赞美外，还应该对男人主动去为家庭做的小事而提出表扬或者口头感谢。譬如：一对夫妇去郊外度过了一个愉快的晚上，妻子说："真谢谢你给了我一个难忘的时光。"丈夫送给妻子鲜花时，妻子就可以说："谢谢你一直记得我的嗜好。"晚餐后丈夫主动收拾碗碟，妻子就说："你辛苦了一天，这么做真叫我过意不去"等等。这些都是日常生活中的小事，在丈夫做了以后，妻子表示一下自己的谢意和赞美，他会更加乐意去做，也会从中更加体会到妻子的辛劳和温情。成功的女人拥有赞美，也懂得赞美；快乐的女人赞美一切值得赞美的事物，也得到了男人的赞美；懂得赞美的女人，会赞美一切值得赞美的事物。

聪明的妻子务必别忘了这一招：称赞自己的丈夫，夸耀丈夫的特长，表扬丈夫的优点，把丈夫"吹"起来！

一位先生因为单位装修需要购进空调，便给一位经销商打电话询问空调的功能，恰遇这位商家有事不在家，是他妻子接的电话。她在听筒中说："当然，对于空调，我丈夫是个真正的行家，如果您愿意让我安排，我可以让他去您的单位看一看，他可以向您推荐最适合您的空调。"

毫无疑问，当那位经销商前往该单位勘察的时候，一定很成功地谈成一笔业务。

每个人都有自己的缺点，但是，男人的错误只会阻碍了前程，而女人的错误，则会影响家庭和社会上的成功，甚至连同男人的事业也一起毁掉。每个男人被认为有所成就,是个能做一番事业的人,大都是他的妻子告诉人们的。可是,在当今并非每一个妻子都能够心怀爱意地在与别人交谈时赞美自己的丈夫,反而常常不厌其烦地把自己对丈夫的不满如数家珍地抖漏出来。

  某女士就是这方面的"能手"。她的丈夫本是个文人,于是,某女士便成天在别人面前念叨丈夫:弄了一屋子的书,能当吃还是能当喝?根本不会修电视,却偏抱本书冒充内行,结果把电视越修越糟。好不容易下厨房做顿饭,却又把鸡蛋炒糊了,令人难以下咽。某女士把丈夫的缺点和不足暴露无遗,结果,她的丈夫在众人眼里也留下了"傻秀才"的形象。

  人都有一种倾向,就是依照外界所强加给他的性格去生活。我们在生活中也常常会看到这样的事:对一个小孩子说他很笨拙,他就会变得比以前更加迟钝;如果赞美他有礼貌,他就会对你"叔叔""阿姨"叫得更甜。成人也是一样,假如像他已经成功那样对待他,那么在无意间,他就会表现出超常的能力。因此,每个妻子对自己丈夫的称赞,都是对丈夫的一种激励,这比直接"教训"的言语,更能推动他满怀激情地尽力去把事情做好。反之,如果像某女士那样一味暴露、责备、指责,只会使男人的意志更加消沉,更加自卑,更加无地自容,更加不思进取,并最终一事无成。

  聪明的妻子能够时时注意到丈夫的长处,还能将丈夫的缺点减低到最低的限度。女人赞美男人时要遵循一定的原则。

记住，无论一个男人长得美丑、事业是否成功，他都希望自己在女人的眼里是最棒的，这是让女人的赞美赢得男人的心的关键。但女人在赞美男人的时候，要遵循以下四大原则：

（1）要有真实的情感体验。这种情感体验包括女人对对方的情感感受和自己的真实情感体验，要有发自内心的真情实感，这样女人的赞美才不会给男人虚假和牵强的感觉。带有情感体验的赞美既能体现人际交往中的互动关系，又能表达出自己内心的美好感受，男人也能够感受女人对他真诚的关怀。

（2）符合当时的场景。例如以上对男人的赞美，只需要一句就够，此情此景之时，和对方的想法合拍。

（3）用词要得当。女人要注意观察男人的状态是很重要的一个过程，如果男人正处于情绪特别低落，或者有其他不顺心的事情，女人过分的赞美往往让对方觉得不真实，所以一定要注重对方的感受。

（4）"凭您自己的感觉"是一个好方法，每个女人都有灵敏的感觉，也能同时感受到对方的感觉。女人要相信自己的感觉，恰当地把它运用在赞美中。如果一个女人既了解自己的内心世界，又经常去赞美男人，相信彼此之间的关系会越来越好。

7. 男人该"修理"就得"修理"

男人喜欢温顺的女人，以满足他统治世界的潜意识。但是如果你对他一味百依百顺，他就会感到兴味索然，因为爱情需要异质精神力量的碰撞，一直百依百顺，你就会失去自己的独立个性；当你跟他完全步调一致的时候，他也就取消了你存在的合理性，既然你跟他完全一样，那么你的存在也就显得多余了，他可能会把目光转向别人。

所以，女人千万别一味迁就丈夫，男人该"修理"就得"修理"。不要怕，吵嘴之后，两人的感情不是处在绝望之中，而是处在希望之中；不会将你的丈夫推得更远，而是把你与丈夫拉得更近。

有这样一对夫妻，他们结婚10年，感情笃深，三千多个日日夜夜从没有发生过一点点小摩擦。周围人皆羡慕地说："天上不多，人间少有。"

确如人们所说，这位的妻子"贤慧"到了"登峰造极"的程度。丈夫让她向东，她决不朝西；丈夫让她站着，她决不挨椅边一下。

丈夫为此在人前多次沾沾自喜地说："咱那老婆，嗨，一点没挑的。"

忽然有一天，丈夫突然烦恼起来，不去上班，连续数日在家蒙头大睡。妻子并不责怪，而是更加细心地照料他。丈夫睡足了以后，仿佛脱胎换骨。以前他从不沾烟酒，如今却是又抽又喝。妻子仍不见怪，反而买烟打酒，还特意做些下酒好菜。

丈夫愈加放荡，抽足喝好之后，便骂妻子，骂到激动处，还免不了拣妻子肉厚的地方打几下。这时，妻子却仍强装笑脸，百般呵护丈夫，决不追问自己挨打受骂之缘由。

面对这样的"贤"妻,丈夫仿佛失去了人性。这天,他终于写下一份《离婚协议》逼迫妻子签字。妻子强咽苦水,只有哀求,但丈夫却走火入魔,似乎不离婚就再也活不下去了。

此事惊动了双方父母及双方单位领导,大家惊诧之余,忙了解真情:莫非丈夫有了情人?谁也不相信;丈夫精神有了毛病?经精神病专家诊断一切正常;妻子对丈夫侍候不周,言语有差?连丈夫自己也否认;妻子有作风问题?向单位、朋友问了一圈下来,结论是根本不可能的事……

于是,"枪口"全部对准了丈夫,好言相劝,严词警告,单位拿出了行政手段;爹娘老子抡起了拳头擀面杖……办法想尽,手段使绝,却怎么也改变不了丈夫离婚的决心。

丈夫把离婚诉讼交到了法庭。开庭那天,妻子的"同盟军"全部上法庭,纷纷陈述其妻的好处,共责丈夫莫名其妙的"禽兽"之举。此情此景,连法官也大动衷肠,遂坚决为其妻撑腰,要求丈夫向媳妇赔礼道歉,回家好好过日子去……

丈夫正襟危坐,毫不动情:"离婚,非离不可!"

多年温情,多日忍辱之苦,终于在其妻的心中变成了一股怒火,她怒吼一声,冲到"不仁不义"的丈夫面前,猛然抡臂——"啪",一记响亮的耳光赏给了丈夫。"离!坚决离!我无法跟你过了!"

奇迹突然出现——挨骂挨打的丈夫笑逐颜开,竟当众抱住妻子来了个响吻。

"亲爱的，不离了，不离了！我永远也离不开你。走，咱们回家去。"

这个故事提醒我们，丈夫不是在"犯贱"，也不是"鬼迷心窍"，而是在追求一种家庭中应有的新趣味和激发妻子的个性。因为妻子带给他的生活太平淡了，平淡得就像一池死水。在这池死水中生活，任何人时间长了也会产生乏味厌倦之感。对这些观点，许多"贤惠"的妻子们肯定大不服气："我伺候他吃，侍奉他穿，逆来顺受，这臭男人还有什么乏味呀、单调呀、不满足的呀？"

这样的妻子应该去读读史书，过去许多"万岁"们身居皇宫，后宫妃嫔成群，山珍海味成堆，但却往往会青衣小帽溜出宫来，结识些村姑莽汉，品尝些粗茶淡饭。其中道理，其实就和你的那个"臭男人"差不多。许多妻子怕和丈夫吵嘴，一天到晚都让着丈夫，生怕自己做错事，也不敢说重话。照理说，这是一种很好的品德。可细细一想，如果夫妻之间一天到晚都是说着甜甜蜜蜜的话，这是否会让人觉得很腻？或者如果两口子一天到晚都把嘴巴闭得紧紧的，这是不是又会让人觉得沉闷？

总之，要想使你丈夫的感情与你更融洽、更和谐，千万别像这位妻子那样一味迁就丈夫，男人该"修理"就得"修理"。

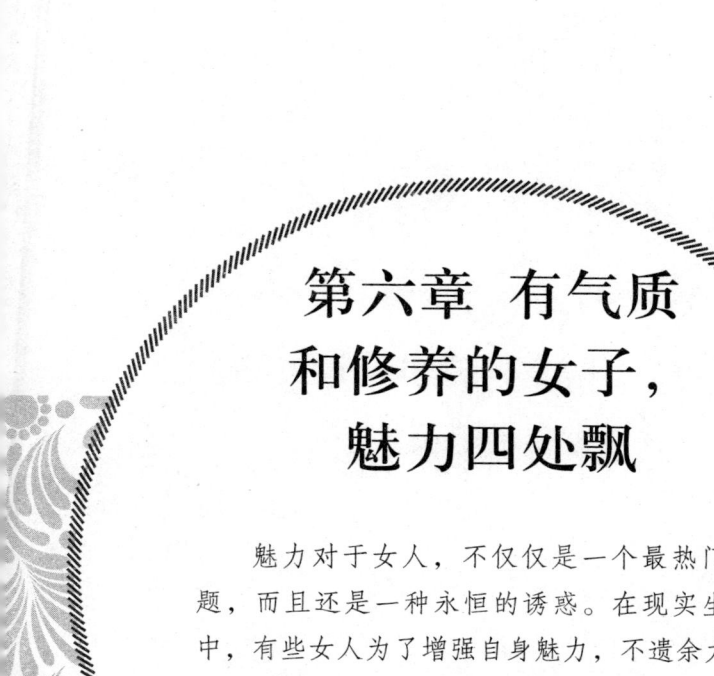

第六章 有气质和修养的女子，魅力四处飘

魅力对于女人，不仅仅是一个最热门的话题，而且还是一种永恒的诱惑。在现实生活当中，有些女人为了增强自身魅力，不遗余力地去模仿别人追求时尚，认为这样的女人才会拥有气质。从一般意义上来说，这虽然有助于魅力的增加，但是魅力主要来自内在气质的闪烁，来源于人格的造就。

1. 女人要有自己的知性美

完美女性不做花瓶，她们的外表与内在一样出众。知性女人的最大心计是：善于用知识武装自己，并有一颗善于反省和感悟的心。

上面这些发人深省的话语，出自维亚康姆中国的首席代表李亦非之口。李亦非拥有端庄的容貌，出色的求学经历，成功的事业，幸福的家庭，被认为几乎代表了完美女性的一切。李亦非对女同胞提出的这些建议，可以总结为六个字——修炼知性女人。

知性，是指主体自我对感性对象进行思维，把特殊的、没有联系的感性对象加以综合，并且联结成为有规律的自然科学知识的一种先天的认识能力。简单地说，知性就是内在的文化涵养自然透出的气质。

知性女人，就是知书达理、知情识趣、人情练达、洞悉世事、既有灵性也有弹性的女人。事业上，她们通常都有很好的发展，但又不同于世俗意义的女强人。她们充满知性的柔和魅力，上得厅堂，也下得厨房，感情丰富，极具女人味，清楚自己需要什么。她们谈不上饱读诗书，但书一定是她们最好的伙伴、精神的食粮，因为这样的女子才有内涵。生活中，她们有自己的主见和态度，为人处世面面俱到。她们懂得在这世俗的世界为自己留一片纯净的天空，快乐时像个天使，哭泣时像个孩子。她们不同于小女孩式的单纯，也不同于小女人式的狭隘。她们温柔却又不失活泼，也会偶尔小资，乘兴而来，兴尽而归。尤其是那份仿佛置身事外的闲情逸致，在繁华与沧桑间更能撩人心弦。无须羞花闭月之容貌、语出惊人之博学，知性女子的美由内而外。

知性除了标志一个女人所受的教育以外，还有一层更深刻的意义，即女人特有的一种气质，它源于女人所受的教育和环境。当代著名作家毕淑敏说："知性女人必读书。读书的女人较少持续地沉沦悲苦，因为晓得天外有天、乾坤很大；较少无望地孤独惆怅，因为书是它们招之即来、永远不倦的朋友；较少怨天尤人、孤芳自赏，因为书让她牢记自己只是沙粒沧海一粟……"书能让女人收获思想，收获人生感悟，从而从容地洞悉世界。知性女人因知识的沉淀而拥有一种不过时的美丽。

知性女人大抵都过了而立之年，她们也许看起来不惊艳，也不华丽，但她们优雅、睿智、温和而真实。经的多了，见的广了，由内而外的韵致与婉约便从她们的言语、动作、文字中渗透出来，让人感到内敛而饱满。

有人这样诠释知性女人：隐约的奢华，明净的幽雅，静谧的吸引。知性女人感性却不张狂，典雅却不孤傲，内敛却不失风趣；知性女人自信、大度、聪明、睿智；知性的女人，说话稳重，谈吐不俗，堪称"女中豪杰"。

20世纪30年代，林徽因在北京总布胡同家中的"太太客厅"里，结交了当时不少才华杰出的人才，不只是人文学科的学者，连许多自然科学家都对那里流连忘返。因为她身上既有人格的魅力，又有女性的吸引力，更有感知的影响力。当时的《晨报》曾对林徽因有过这样的评价："林女士态度言吐，并极佳妙。"

知性女人还懂得给男人空间。由于林徽因风姿绰约，许多人都向她投来爱慕的眼光。从知识上来说，林徽因对徐志摩很欣赏。徐志摩的精美诗句，像春天里的一缕清风给她带来满怀的温柔，但是林徽因虽然具有浪漫气质却也不乏理性。她内心明白，爱一个人，首先需要尊重一个人，要给对方留有余地。她尊重徐志摩对人生道路和感情的选择，但是睿智的林徽因潜意识中已经意识到徐志摩身上并没有成熟男人所具备的那种沉稳庄重。相反，他追求的是浪漫，这与现实有很大的距离。于是，林徽因选择了与自己有共同爱好的梁思成。

后来，当梁思成问林徽因为什么没有选择徐志摩而选择他时，聪明的林徽因巧妙地回答道："我想我要用一生来回答这个问题。"这句话没有那么态度鲜明，可却是一个绝妙的回答。让事实来回答，不就是最好的回答吗？没有虚饰与矫情，而只是自然流露出她的清澈和深沉，她对梁思成满腔的柔情确实让人感动。这充分体现了林徽因作为知性女人的灵性与弹性的统一。灵性是心灵的理解力，天生丽质、善解人意，怎能不令人感到无穷的韵味与魅力呢？

知性女人不单是满身灵性，她的优雅举止所表现的女性魅力一样令人赏心悦目。

这就是知性女人的明智。尊重别人，爱惜自己，既温柔又洒脱，使人感到轻松和愉悦。

知性女人就像一句广告语所说的:"有内涵,有主张。"她有灵性,而且"智勇双全"。她可以无视岁月对容貌的侵蚀,但绝不束手就擒。她可以与魔鬼身材、轻盈体态相差甚远,但她懂得用智慧的头脑把自己打扮得精致而品位高尚。

知性女人是有知识、有品位、有女性情怀的美丽女人。她们兴趣广泛、精力充沛、重视健康、珍爱生命、独立进取,努力追求自我价值的实现。她们像田野清新的花,不是为了赞美和飞舞不定的蜂和蝶而开放,而是为了平平静静地萌芽、生长和绽放。

知性女人是灵性与弹性的结合,她们经历了一些人生的风雨,因而也懂得包容与期待。高雅的知性女人像一杯慢慢品味的清茶,散发着感性的魅力。做一个知性女人,那是一种涵养、一种学识、一种花样魅力的气息,由内而外散发出来。时间在她身上只是弹了一个巧妙而圆润的跳音,将她出落得更加可爱。知性女人热爱生活、热爱世界,犹如一棵草绿了大地,一滴水润了绿芽。这种美丽还在于恬静,不为外界的诱惑所动,任风生水起,依然和煦淡远。

一个真正"知性"的女人,不仅能征服男人,也能征服女人。因为她身上既有人格的魅力,又有女性的吸引力,更有感知的影响力。知性女人的优雅举止赏心悦目,待人接物落落大方,她用身体语言告诉你,她是一个时尚的、得体的、尊重别人、爱惜自己的优秀白领。她的女性魅力和她的处事能力一样令人刮目相看。

知性,让女人变得更加从容,更加美丽,也更加有魅力!

2. 适当的羞涩可以提高你的魅力

一朵娇羞的花朵是美丽的，一个充满娇羞的女人也是美丽的。羞涩是女性的专利，它可以将女人含蓄的风情展现得更加诱人。当女性因害羞而两颊充满红晕时，那便是她最美的时刻。

"最是那一低头的温柔，像一朵水莲花不胜凉风的娇羞。"徐志摩这广为流传的两句诗可谓写女性娇羞美的经典之作了。

自古以来人们都习惯将女性称为"红颜"，所谓的红，除了面色红润之外，就是与羞涩有关了。然而羞涩的绯红往往稍纵即逝，于是，女性学会了在脸上涂抹胭脂，以达到羞涩常驻的目的。

一提"红颜"，谁都知道是指美貌女子而不是男子，"红"字不止于面部的青春红润，更重要的是与羞涩有直接关系。绯红的羞涩象征着女性，但它往往稍纵即逝，所以古往今来，女性学会了用胭脂粉饰面颊，起到了羞涩常驻的效果，有助于强调女性羞涩的气质美。试想，一位情窦初开的少女，粉颊飞红，垂目掩面，如初绽之桃花，能不让人赏心悦目吗？

历代文人骚客都注意到了女性的羞涩之美，故有出色的描写。曹雪芹在《红楼梦》中写宝、黛共读《西厢记》时，宝玉自比作张君瑞，戏曰："我就是个多悲多病的身，你就是那倾城倾国的貌。"黛玉听了桃腮飞红，眉似颦而面带笑，羞涩之情跃然纸上。

现代作家老舍认为："女子的心在羞涩上运用着一大半。一个女子胜过一大片话。"不难看出，羞涩也是女性情与爱的独特色彩。羞涩朦胧，魅力无限。康德说："羞怯是大自然的某种秘密，用来抑制放纵的欲望，它顺其自然地召唤，但永远同善同德并和谐一致。"伯拉克西特列斯的雕塑名作《克尼德的阿佛罗狄忒》和《梅底奇的阿佛罗狄忒》都是反映女性羞涩美的。羞涩之色犹如披在女性身上的神秘轻纱，增加了她的迷离朦胧。这是一种含蓄的美，美的含蓄，是一种蕴藉的柔情，柔情的蕴藉。

羞涩，不是现代女人的专利，它是人类文明进步的产物。羞涩是人类独有的，羞涩是人类最天然、最纯真的感情现象，它是一种心理活动，当人们因某事或某人而感到难为情、不好意思时，即会表现出羞涩的神情。内部表现为甜蜜的惊慌、异常的心跳，外在表现就是脸上泛起红晕。那是女人个性美的表现形式，是一种特有的魅力。

羞涩，同样可以作为一种感情信号：它的产生往往是因为陌生环境、场面触发了紧张的情绪，还有一种可能是被异性触动了内心深处的感情。有一首诗曰："姑娘，你那娇羞的脸使我动心，那两片绯红的云显示了你爱我的纯真。"由此可见，羞涩对展现女人含蓄风情的重要作用。

有人说："羞涩并非是女性的专利，男性同样有羞涩的时候。"的确，男性同样会有羞涩的表情，但男性的羞涩却不会把男性的阳刚美凸显得更加迷人，而往往使男人变得狼狈可笑；而女性却截然不同，羞涩时的盈盈笑脸却被认为是合情合理的，不但不会给人留下狼狈的印象，还会令他人更加喜爱，为她们的羞涩而着迷。所以说，羞涩，是女性独具的风韵和美色。

如果在女性丰富的感情世界中缺少了羞涩，经常会被看成是厚颜无耻。所以说，羞涩是女人个性的一种体现，体现出女人之所以是女人的特质，是女人特有的本性。

"犹抱琵琶半遮面""插柳不让春知道"的神韵，更能为女性的朦胧美增添神秘的色彩，给人们留下无限的遐想空间。在羞涩的表情中它闪耀着谦卑的光辉，在为女性提高魅力指数的同时，也将她们高深的涵养体现得淋漓尽致。

女性的柔性美本来就可以使人们为之陶醉，再加上羞涩的神韵，更加深了女性神秘的色彩，给人们留下了极其广阔的思考空间，让女人变得更加耐人寻味。

然而，正像曾经看过的一篇文章中说的那样，羞涩女人在现代已经成为稀有化石了，在这个审美迷离的年代，女性越来越开放，能使睫毛翘起来的无限长的加密睫毛，液体眼睑，棕榈海滩色面颊，烈焰红唇和野性乱发。21世纪的魅力女性，正变得越来越咄咄逼人。很多女性渐渐地将羞涩同保守和老土画上了等号，这个时代似乎是一个羞涩没落的时代。

我们并不是说大方爽朗的女性就不好了，事实上羞涩与大方爽朗也并不抵触，我们这里所说的羞涩是指某场合下内心感情的一种真挚的体现，尤其是同男性交往的时候，如果适时地表现一下你的羞涩，绝对会起到意想不到的结果。

试想一下，如果同自己心爱的人在一起的时候，你因为他一个善意的玩笑或者一句发自内心的赞美而娇羞满面，那是一幅多么美丽的图画啊！所以，适当的羞涩是提高你魅力指数的又一法宝，女性朋友千万不可忽视哦！

3. 女人的修养是一种诱惑

一位哲人说过："塑造一个民族从女性开始"。也有一种民间说法："爸好好一个，妈好好一窝"，从这两句话中，我们可以看出一个女人在历史、社会、家庭中的重要作用。那么一个女人怎样才能在历史、社会、家庭中起到很好的作用呢？很重要的一个环节就是修养问题，女人的修养是一种挡不住的诱惑，是一种感悟极致的平静，是一种简单纯净的心态，是一种宁静而致远的境界。

年轻的女人虽然在风华正茂时可以毫不费力地依靠外表吸引他人的注意，但如果她们因此而忽略了对自己修养的提高，等到年老色衰时才想到要去弥补，那就太迟了。而那些平凡不起眼的女性，只要她们注意培养自己的修养，无论到什么年纪，她们身上依然会拥有一种让人无法抗拒的独特魅力，这份魅力让她们备受欢迎。

一位中年主妇察觉到自己的丈夫经常在家里夸奖他的女助手，她心里有些疑惑。于是开始每天描眉画眼，梳妆打扮，甚至不惜花费了一笔高昂的金钱做美容。然而，虽然她花费了一番心思，但她发现丈夫对她的精心打扮依然熟视无睹，仍旧每天大谈特谈自己的那位女助手。

妻子沉不住气了，试探着开始打听女助手的背景。于是丈夫邀请妻子和他一同去探望那位女助手。一见面，妻子大为吃惊。女助手和她的想象相差甚远，因为她既不年轻也不漂亮，而是一位头发已经斑白、身材已经发福的普通妇人。但从她的言谈举止中透露出的典雅、自信、超然、乐观、机智，周围人无不受到她的感染，甚至这位妻子也抵挡不住她的魅力，十分迫切地想和她交朋友。这时妻子终于明白了，修养赋予一个女人的魅力是无可比拟的。

女人可以不漂亮，但不能没有修养。在高雅女性的重要因素中，修养可以说是最高的追求与境界，它赋予女人一种神韵、一种魅力、一种气质和一种品位。有修养的女人衣着时尚，妆容精致，神采飞扬，风姿绰约；有修养的女人平和内敛，从容娴雅，不矫揉造作，不喜张扬；有修养的女人，是一种遵从自我意愿的选择，是气质品位的自然流露。

一个修养与智慧并重的女人懂得把美丽炼成自信，把年龄化为宽容，把时间凝结为温柔，把经历写成厚书。她们在岁月的淘洗中日渐绽放出珍珠般的光华，时间和经历甚至可以成为她们骄傲的资本，在轻描淡写中微微一笑，流露出令人难以抗拒的温柔与从容。

那么，对于女人来说，良好的修养一般体现在以下10个方面：

守时。无论是开会、赴约，有教养的女人从不迟到。她们懂得，不管什么原因迟到，对其他准时到场的人来说，都是不

尊重的表现。

谈吐有度。有教养的女人从不冒冒失失地打断别人的谈话，总是先听完对方的发言，然后再去反驳或者补充对方的看法和意见，也不会口若悬河、滔滔不绝，不给对方发言的机会。

态度亲切。有教养的女人懂得尊重别人，在同别人谈话的时候，总是望着对方的眼睛，保持注意力集中，而不是眼神飘忽不定，心不在焉，一副无所谓的样子。

语言文明。有教养的女人不会用一些污秽的口头禅，不会轻易尖声咆哮。

合理的语言表达方式。要尊重他人的观点，即使自己不能接受或赞同，也不会情绪激动地提出尖锐的反驳意见，更不会找第三者说别人的坏话，而是陈述己见，讲清道理，给对方以思考和选择的空间。

不自傲。在与人交往相处时，有教养的女人从不凭借自己某一方面的优势，而在别人面前有意表现自己的优越感。

恪守承诺。要做到言必信，行必果，即使遇到某种困难也不食言。自己承诺过的事，要竭尽全力去完成，恪守承诺是忠于自己的最好表现形式。

关怀体贴他人。不论何时何地，对长者与儿童，总是表示出关心并给予最大的照顾和方便，并且当别人利益和自己利益发生冲突时能设身处地为别人想一想。

体贴大度。与人相处胸襟开阔，不斤斤计较、睚眦必报，也不会对别人的过失耿耿于怀，无论对方怎么道歉都不肯原谅，更不会妒贤嫉能。

心地善良，富有同情心。在他人遇到不幸时，能尽自己所能给予支持和帮助。

4. 淑女，透出典雅柔和的光芒

真正的淑女，是一种遵从自我意愿的选择，是女人味的自然流露。他们并不在意是不是被发现，被认可，她们隐没在茫茫人海中，像大海里的珍珠，沉静中透出典雅柔和的光芒。

淑女一词，最早出现在《诗经》开篇第一首《关雎》曰："关关雎鸠，在河之洲。窈窕淑女，君子好逑。"但这里的"淑女"只是一位采水草的迷人小村姑，与现代所说的"淑女"没多大联系，顶多只是"劳动创造美"的最早证据之一。而另外一首《硕人》中的那位卫夫人，"手如柔荑，肤如凝脂……巧笑倩兮，美目盼兮"，才算得上是真正的淑女，整个儿就是蒙娜丽莎的东方古典版。

那么，何谓淑女？淑女要读书，要有书卷气。但淑女读书不为做官，不为赚钱，只为去掉身上的小女儿气和尘世俗气，长知识，增见识，陶冶情操，修养情趣，不贪学富五车满腹经纶，只求知书达礼贤淑文雅。

古往今来，芸芸众女，总是美女和才女风光无限，惹目抢眼。荧屏内外书报刊中，到处都有她们迷人的身影。即使不是每一个女子都有此奢望，至少美女、才女还是一种对女性的恭维和赞美。

那么淑女呢？没有大家闺秀的尊贵，没有才女的傲气，没有美女的亮丽自然不引人注目，只有云淡风轻，所以少有人争取淑女的称号。

淑女都有才气，都是名副其实的才女。凭借特有的灵气与悟性，她们在某些方面或许还有很高的造诣，李清照的词，张爱玲的文，都是脍炙人口的精品。

淑女都有绝佳的高雅气质，"清水出芙蓉，天然去雕饰。"你只要看她的服饰穿戴你就知道，她绝不随波逐流，也不哗众取宠，简洁而别致，朴素而典雅。她的品位很高。

淑女兴趣广泛，博才多艺。琴棋书画，诗词曲文，样样知晓，且能精其一二。

淑女恬淡宁静，随遇而安。她不会让虚荣的洪水淹没，也不会让名利的急火灼伤；她愿做一些有兴趣又有把握做好的事，而她却常常出人意料地悄然抽身，激流勇退。

淑女不叛逆，不前卫，不夸张，她们是本色的，低调的，内敛的。在一个强调自我设计、不乏自我炒作的现代社会，不免令人怀疑淑女是不是太缺乏竞争力了？她们是不是只能在古典的生活中，浮出徐徐暗香？站在普京身边，经常以简练的淑女装示人的柳德米拉，让人感到了现代淑女的气息。当然这种淑女气质不是简单缘于她的着装风格，更是她内在性情的自然流露。

柳德米拉作为俄国的第一夫人，初入克里姆林宫，没有官场上的陈腐之气。她深居简出，很少接受记者采访，不是因为缺少表现自我的能力，而是不喜欢张扬自己。她温柔贤惠，但又不唯命是从。在昔日同学的沙龙聚会上，她兴奋开怀地神聊，而不是矜持地做第一夫人状。普京表示，他从不对妻子发号施令。俄罗斯亲昵地将她称为"白雪公主"。

　　这位白雪公主一点儿也不缺乏坚强和果断。几年前的一场车祸，她的颅骨、脊椎都受了伤，连续做了几次手术，她硬是凭着一股硬劲挺了过来。在对孩子的教育上，她和普京亦严亦宽，合演了一场默契的对手戏。

　　可能有人会说淑女加总统夫人，那是命运的恩宠，非寻常女子可以想象，这样的淑女形象是不是太特殊了，没有什么普遍性？

　　其实，对于柳德米拉来说成为第一夫人，只是一个近期的角色，而淑女姿态是她惯常的生活方式。也许现代社会淑女难遇，但并非珍稀到凤毛麟角的程度，只不过无缘相识而已。

　　淑女温柔贤惠，但又不唯命是从。淑女平和内敛，从容娴雅，不矫揉造作，不喜张扬，并不意味着丧失自我，平庸乏味，放弃自立，相反，这些恰恰说明了她们内心的开阔和明亮。

　　淑女是丈夫的好妻子，淑女是孩子的好母亲。淑女是姐妹的知心，淑女是异性的红粉知己。淑女深谙做女人的本分，淑女也最能享受做女人的天赐之乐。

　　假如你是一个淑女，男人理想中的那种，你首先应天生丽质、容貌秀丽，即使不够国色天香，最低标准也要让人看了舒服。

　　当然，在单位你依然是仪态万方的淑女，对上级不卑不亢，对下级温和耐心，长袖善舞，遇变不惊……一天工作结束，要在老公之前及时赶回家，其间已经完成接孩子、采购等一干琐事，当先生拖着疲惫的身躯走入家门，你已经备好一桌丰盛的晚餐和一张轻松的笑脸。你应该会察言观色、善解人意，你当然是聪明的。虽然这些要求对现代女性来说有点过于苛刻，因为这是基于男人理想化的定义，还有许多夫权思想的影子。"淑"，词典之解释为"贤惠、美好"，那么，淑女最终是以贤惠、美好而散发迷人光辉的。若你做不成美女，那么愿你做淑女。

5. 有内涵的女人气场强大

　　白居易曾说过："动人心者，先乎于情。"炽热真诚的情感能使"快者掀髯，愤者扼腕，悲者掩泣，羡者色飞"。
　　如今的社会，由于经济条件的改善，美女是越来越多了，所谓"十步之内，必有芳草"。走在大街上，你会发现美丽的女孩比比皆是：时尚前卫的、清新可人的、温柔善良的……每个女孩都有她动人的一面。但是，光从外表判定一个女人的美丽与否，未免太肤浅了一些。也许外貌的出众会给你一瞬间的冲击，但相处久了你就会发现一个女人的内涵远比外表更重要。

　　姜培琳原本是一个学运动心理学的幼儿园老师，仅用了三年的时间就成为国际名模。在1999—2001年中她分别获得了1999年上海国际模特大赛亚军和2000年中国十大名模排名第一的荣誉。继2001年后，她再接再厉，荣获2002

年中国国际时装周最佳职业模特冠军。

谈到自己的荣誉,她并没有否定机遇和美貌的作用,"但是,这并不是全部。在模特圈拥有美貌的人太多了,而且现在评价美的标准也不一样。我的成绩一半是因为我够认真"。

在现实生活中,很多女人只注意穿着打扮,并不注重内在气质的修炼。诚然,美丽的容貌,时髦的服饰,精心的打扮,都能给人以美感。但是这种外表的美总是肤浅而短暂的,如同天上的流星,转瞬即逝。而气质给人的美感是不受年纪、服饰和打扮局限的。一个女人的真正魅力主要在于特有的气质,这种气质对同性和异性都有吸引力。这是一种内在的人格魅力。

的确,一个有学识、有品位、有内涵、有修养、有气质的女性是一个精品女人,这样的女人即使不算漂亮,走到哪里都是一道亮丽的风景,也是最令人难以忘怀的风景,定会魅力四射,光芒万丈,且永不失落。精品女人如书,应该是一本精装书,内容与形式俱佳,她丰富的内涵让人手不释卷,掩卷后仍荡气回肠,以至倾心珍藏,也会让想读懂她的人,心甘情愿用一生去研读她。总的说来,有内涵的女人至少具有以下几点:

(1)有内涵的女人具有自强不息的进取精神。中国女排的姑娘们为了给祖国争光,甘愿付出和奉献,她们自信、自强、不怕挫折和失败。她们把宝贵的自强精神和献身精神浓缩在竞技场上,印刻在长期的奋斗历程中,书写在一个个金光闪闪的奖杯上。因为训练的繁忙,或许她们疏于打扮,无暇顾及自己的外在"美丽",虽然岁月的痕迹已悄悄爬上额头,但她们的智慧、自信、热情和激情却带不走,岁月带给她们的是内心的丰富、精致，带给我们的是力量和鼓舞。

（2）有内涵的女人具有健康的心灵、坚定的品格意志。

郭晖曾经是一个普通的女孩，但在她11岁那年，因为医生误诊导致高位截瘫。以臂为半径，郭晖的世界只有两平方米，她只能仰躺在床上，不能侧身，不能翻身，更不能坐起来。但她仍然坚信"天生我材必有用""前途是自己创造出来的"，她把生命的所有光亮全部聚集到了一个焦点上。精诚所至，金石为开，一扇扇沉重的大门在她面前打开了。小学未毕业的她依靠自学，最终成为北京大学百年历史上第一个残疾人女博士。由于某些原因，郭晖外表不是一个很美的女人，但她对知识的执着与向往，却让她的内心充满了美丽与自豪，让许多人为她而感动。

（3）有内涵的女人具有奉献精神。陈士芬是民办教师，是全国"希望工程"园丁奖获得者。她就像山上的青松一样扎根在贫瘠的山坳里，一干就是19年。19年来从校长，到老师，到炊事员，只有她一个人；三个年级的七八门课程，只有她一个人；给学生做饭、烧开水、缝补衣服，只有她一个人；挨家挨户地做"普九"动员，让适龄孩子都入学，也只有她一个人。她把全部的身心都交给了山区的教育事业，却顾不上七旬的老母、年幼的儿子和病床上的丈夫毛芊老师。无论是从教的40多年，还是退休的10多年，她一直都心系教育，心系群众，心系学生。她资助过许多面临辍学的贫困孩子和生活困难的孤寡老人；自己掏钱先后为乡村小学购置了百余张课桌椅等教学设施；自费办阅览室和文化活动中心，组织当地少年儿童开展健康的文体活动；为村里建起一座公厕，还坚持每天清扫……为社会为人类作出了巨大的贡献！

因为贫困，陈士芬没有漂亮的首饰和衣服的装扮；因为操劳，她显得过早地衰老，但她是美丽的！她的美就在于她对教育事业执着的追求，在于她对家乡人民无私的奉献，在于她用默默地劳动培育出了一代又一代合格的新人！她这种无私的美丽，让无数人为之敬佩、叹服！

女人并不仅仅靠美丽的外貌才称得上美，只要面对人生激流中的暗礁与险滩，自己能够奋勇搏击，不懈努力；面对挫折和失败，自己能够坚强地站起来，用特有的毅力、勇气和智慧扬起自信的风帆；面对名利和诱惑，自己能够淡定和从容；面对信息社会的挑战，自己能够不断地学习、充实、提高，以博学多才丰富自己的内涵，以诚实劳动、不凡的业绩来证明自己存在的价值，那么她才可称得上是一个真正美丽的女人！

有内涵的女人如同一棵枝叶繁茂的梧桐，人们首先看到的部分就如它的枝叶一样感性抢眼，它把女人优雅多姿、丰富饱满的韵味展露无遗，而看不到的内在就如树的根一样错亘盘横，支撑叶脉。假如没有内涵，树叶无法繁茂。所以，女人只有拥有内涵美，才是真的美！

内涵是女人美丽不可缺少的养分，是充满自信的干练，是情感丰盈的独立，是在得到与失去之间心理的平衡。

内涵将使女人在一生中都散发出无穷的魅力。它是你一生取之不尽的巨大财富，也是伴随你一生永远亮丽的风景线。

没有哪个女人不想成为有内涵的女人，而许多人又常苦于找不到秘诀，或抱怨缺乏应有的条件而信心不足。

内涵，真的难做到吗？其实，做有内涵的女人并不难，不需要很高的条件，秘诀是从身边的小事做起。没有过度的妆饰，也不流于简单随便，坚持独立与自信，热情与上进。由中国红变成亮眼蓝的靳羽西曾言：快乐就是成功。她说人在可以站着的时候，就一定要坚持站着，而且还要保持着漂亮的样子，这是对自己的尊重，也是对别人的尊重。女人始终要保持自己的优雅。

内涵是一种感觉，这种感觉更多的来源于丰富的内心，智慧、博爱，还有理性与感性的完美结合。

（4）有内涵的女人是智慧的女人。智慧是女人永恒的魅力和性感，容颜无法与岁月抗争。女人可以不美丽，但不能没有内涵。唯有内涵能赋予美丽以灵魂，唯有内涵能使美丽常驻，唯有内涵能使美丽得到质的升华，唯有内涵可以让女人一辈子都细细"品味"。

6. 性感，让女人更女人

女人征服男人的真正武器，并非传说中的酥胸红唇，那只是加快脱衣速度的低等方式，而真正的原因正是你所看不见的东西：那沉迷的声线、眼中的灵光、无言的坚持，还有你的一切，你的成功或你的坎坷，你的艳丽或你的娇弱。这些经由岁月沉淀的魅力，正是一个成熟女人真正性感的味道。

就像英国作家维吉利亚·格丽芬在她的妇女解放论著《情

妇》一书中总结的：那些征服权贵的女性，并非世界上最美的女人，而且甚至不具备通常意义上的姿色。但是她们可以征服一个甚至数个最具魅力和权力的男子，完全因为她们拥有智识上的交流和主动示爱的勇气。她们与男人在感性和理性上的交流，使她们延长了床笫间的魅力。这令我们明白并充满感激.因为虽然我们并不期望拥有梦露或是麦当娜的性感，但当我们的男人深爱我们的头脑，我们的能力和穿衣品味之后，你难道没有发现，你的肉体从未与精神分开？你期待他的激情时，难道不期望他同样热爱你的身体！

在20世纪末，说到"性感"，有一个人是你无论如何也无法回避的，那就是麦当娜。这个在虔诚的天主教氛围中长大的女人，用她惊世骇俗的方式令美国和整个世界着实"激情燃烧"了一把。她大胆的、技巧的、充满挑逗性的裸露，即使是在肉欲横流得连裸体都已经司空见惯的西方社会，也还是令人心跳加快、头脑发热，她让世人重新见识了什么才叫性感。

即使在今天，统领了娱乐世界和时装界的性感偶像们，追根溯源起来，其实也大多是麦当娜的信徒；只不过，她们对这位性感女神的许多模仿，往往自徒其表，而丧失了内里真正摄人心魄的闪光魅力。

通常让人感受不到性感的女人都是过于重视肉体的力量，忽视了风格的魅惑；她们只看到了一丝不挂的麦当娜是如何使千百万人在肉欲的刺激中摇滚疯狂，却没有看到穿起衣衫的麦当娜又怎样令整个世界目眩神迷。是的，忽略了时装的力量，这就是她们的致命伤。

不错，麦当娜也曾经是一个以肌肤为衣衫的性感女人，注意，那是"曾经"。她带来了一个肉色的世界，脱衣舞娘和各种丰满或清瘦的裸体在广告和电影中随处可见。性，不再遮遮掩掩，不再是假作斯文的面纱之下挑起的那一点暗示和冲动，什么都光明正大，但是，什么也都失去了那种隐约的神秘和吸引力。

真正的性感是让人感受到女性的独有神韵，那种看起来能让人产生许多美好向往的东西，是若隐若现的，是一种感觉。简约风格看似朴素，深素的颜色、简洁精致的款型，实则将女性的性感表现得恰到好处。比如紧身窄小、十分合体的衣着。

该窄的窄，该瘦的瘦，该圆的圆，该宽的宽，三围参数十分明显。可见，简约风格的服饰不过是将性感表现得更含蓄更聪明了。

修长、结实、有很好的比例，是大多数女性理想中的腿型，有双美腿是很让人羡慕的，展示腿部的美可以穿到膝盖以上短裙，也可以选择紧身裤。还有很多女孩子喜欢涂指甲油，穿露出脚趾的系带凉鞋，这些都会特别显示出女人腿部的性感。穿长筒的丝袜，尤其是那种有网眼花纹的，总会让人想到美丽却有毒的蜘蛛女，是一种有点妖气的性感。

那些穿露背装的女人，只需看她们的背影就十分吸引人。漂亮的背部，光洁平滑，皮肤要好，还要有那么一点结实的肌肉，再加上一些骨感就会很美。不可以太胖，也不可以过于瘦骨嶙峋。

有美背的女人其实不少。有人说，林青霞美在肩部，圆润，有很美的线条，又有骨感与形体。很多女人注意自己的胸、腰、腿，以为这是很女人的东西，其实在西方人眼中肩部也是性感的象征，双肩与双乳一样都是女人性感的标志，而双肩又常常被看作是双乳的暗示。

臀部对多数东方女孩而言，并不被作为重视的部位。而日本女孩子却将臀部视为除胸以外的第二性感部分。虽然东方女孩子难得有高翘结实的美臀，日本女子又尤其如此，不过，注意选择有矫形作用的内衣裤，款型很好的裤装，都会帮你很大的忙。记得吗？梦露的影片中，有很多镜头便是通过好看的臀来表现其性感魅力的。

表现性感的面料有不少，蕾丝、网眼纱、各种透明织物、轻薄织物、弹性织物，还有毛皮等等。蕾丝是最性感，是内衣的常用面料，所以无论用在何处都会叫人觉得很女人、很性感。透明纱也有同样的效果。弹性紧身织物会将女性的人体曲线展现无遗。轻软的丝绸、锦缎、天鹅绒等等，犹如皮肤般光滑，常常会叫人浮想联翩。毛皮的魅力是其性感中的老练和华贵，藏在毛皮中的女人，仿佛受娇宠的高贵的宠物猫。

暴露的或紧身的服装，可以将美丽的肢体展现，露出一点香艳，裹住一些性感。然而，东西方人都一致公认的穿着和服的日本女人，弥漫着东方气质的性感，简直美不胜收。宽宽大大的和服，将日本女人的身体包得严严实实又直直平平，早已没有了任何身体曲线的展示，那么这性感从何而来呢？有人说，来自日本女人的神态，温温柔柔又怯怯谦谦地细小碎步，微垂的头，都叫人有一种爱抚和爱怜的冲动，将女人的温顺和柔情表达到极致。又有人说：只看那和服后领下的粉颈，就足够了。和服全身都小气地不让人看到一点不该看的东西，仅有领子后面很大方，将日本人长长的雪白的脖子展露无遗，只这一点就够性感的；看来，没有三围也同

第六章 有气质和修养的女子，魅力四处飘

样可以性感一番。

　　性感不是过分裸露，性感也不是大胆挑逗。真正的性感应该是：由身体开始，却由精神折射出来目空一切独立自我的姿态。

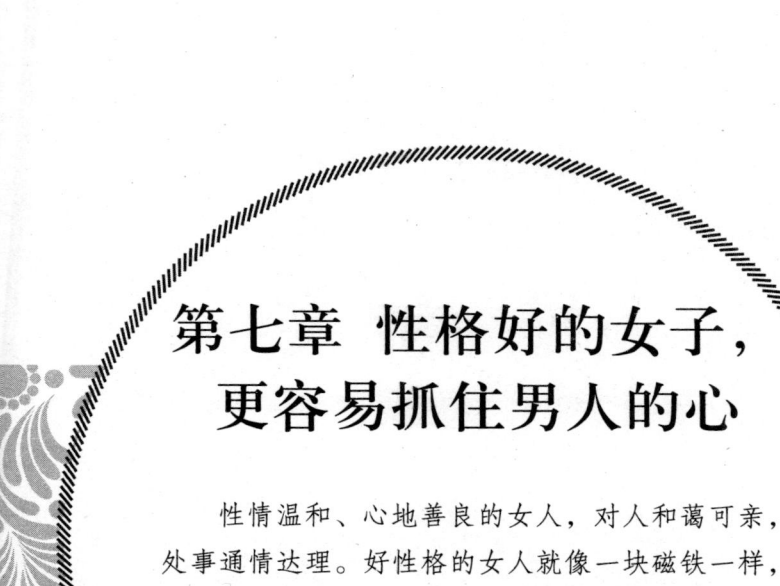

第七章 性格好的女子，更容易抓住男人的心

性情温和、心地善良的女人，对人和蔼可亲，处事通情达理。好性格的女人就像一块磁铁一样，她的出现都能让自己在生活中充满了真正的生机勃勃，总能给众人带来了许多的吸引力，而这样的女人充满了自己真正的魅力，自然也就容易抓住男人的心。

1. 温柔的女人具有特殊的魅力

温柔的女人具有一种特殊的魅力,她们更容易博得人们的钟情和喜爱。这样的女人更像绵绵细雨,润物细无声,给人一种文弱柔美的感觉。

作为女人,你尽可以潇洒、聪慧、干练、足智多谋、会办事儿,但有一点不能少,你必须温柔。

女人存在的理由就是因为她具备男人所缺乏的温柔。温柔,这是作为母亲和妻子的女人不可缺少的一种基本的资质和品性。"温柔"这两个字很自然地就和关心、同情、体贴、宽容、细语柔声联系在一起。温柔有一种无形的力量,能把一切愤怒、误解、仇恨、冤屈、报复融化掉。在温柔面前,那些喧嚣吵闹、斤斤计较、强词夺理、得理不饶人,都显得可笑又可怜。

温柔是一场三月的小雨,淋得你干枯的心灵舒展如春天的枝叶。女人,最能打动人的就是温柔。温柔像一只纤纤细手,知冷知热,知轻知重。只需轻轻一抚摸,受伤的灵魂就会愈合,昏睡的青春就能醒来,痛苦的呻吟就会变成甜蜜幸福的鼾声。温柔的一刀不论是在情场,还是在商场,永远都是那么的锋利。

女性特有的温柔是一个女人的最大魅力。不管你为了证明自己的坚强、独立而怎样否认这柔弱的字眼，它依然流淌在女性的血液里。其实，温柔并不等同于软弱，温柔，有时候它是一种更强大的力量。春风是温柔的，但是它能在厚厚的冰面上画上一道道裂痕；流水是温柔的，但是棱角尖锐的石头也会被它悄无声息地磨平。泰戈尔曾说过："不是锥的磨打，而是水的载歌载舞使石头臻于完美。"所以，温柔不仅具有一种和风细雨、风卷云舒的阴柔之美，它还是一种不容忽视的力量，是女人征服困难获得成功的有力武器，是提升女性气质的催化剂。

善良的女性脸上总是有一种美丽的光辉。温柔的魅力总能更容易获得成功。

从8平方米做到十大品牌之一；10年前跟联想在一个院里，一大一小；10年后，沐泽跟联想站到了一起；一前一后，10年沐泽，因为这个女人，不能再被忽视。

余立新，就是这样的一个女人，20世纪70年代出生，现为沐泽电脑总经理。

余立新亲手把沐泽从北京中关村四海市场中一个仅有8平方米大的小门脸，"演变"成为今天国内十大知名PC品牌之一。所以，她的本事，是沐泽在历经10年风雨历程后被验证的一个事实。

余立新也理应是一个人们传统意义上的"女强人"。但,余立新却始终坚持说自己只是个女人。

"坦白地讲,我并不是很喜欢女强人这个称呼。无论做到什么位置,女人就该是女人。是女人,就该扮演她该扮演的角色,妻子、母亲、女儿。而我的公司,也只是个女人管理的公司而已,没什么特别的。"

"润物细无声。"伴着沐泽10年的成长历程,余立新已经把一个女人特有的温柔、细致和韧性慢慢地渗透进了沐泽的点点滴滴中。尤其是在沐泽"初成长"的阶段。

创业时,沐泽的地方只有8平方米大小,还漏风漏雨的。当时的四通、联想也都在这个院子里。也许是女人的天性,我很爱干净,尽管店面很小,我也非常注意它的形象,所以,我经常把店面收拾得干净整洁。这样,有客人从旁边路过,都很愿意光顾我的店,也觉得这家的女老板挺有亲和力的。客人只有能走进来,我们才有机会。虽然沐泽当时的环境不好,但生意却不错。所以,我越发觉得店面形象的重要了。

后来,沐泽从四海市场院子的后面搬到了街面上,店堂的面积也扩大到了60多平方米。我拿出了10万元装修店面,还专门请了专业的设计师。沐泽员工也统一换上了紫色的服装,黄颜色的领带。要知道,那时候的10万元对于沐泽来说,简直是个天文数字。

但这样做的结果是:当时沐泽电脑成了那条街上最靓

丽的、最有品牌概念的一家店。后来门庭若市，生意好得不得了，连我们的出纳都下来卖电脑，我也站在外面发传单。最好的时候，一天能卖出七八十台电脑，而且是一台一台卖出去的。这样就更加坚定了我要在品牌形象上下功夫的决心。

余立新说，那个时候的她脑子里根本没有什么品牌的概念，凭借着一个女人对事物本能的敏锐度和敏感度，"误打误撞"成就了沐泽初期的品牌效应。

女人天生容易被感动，余立新更加不例外。正是因为这种感动，让余立新开始有了一种文化的概念。

我是天生就容易被感动的人，一点点小事情就能触动我。我印象最深的是，有些客户在沐泽买完东西后，还能提着东西来看我们，天下怎么会有这么好的客户？我每次都因为他们的举动而感动，客户对我们这么好，我就要回报，于是我就把这种感觉带到了对员工的教育当中。那段时期是沐泽成长最快的阶段。

当时我有一种感恩的心态。其实，那个时候我们的原始资本已经在悄悄地累积了，只是当时我们对赚钱真的没概念。当有一天，发现账上的钱有那么多了，说实话，我真有种受宠若惊的感觉，觉得老天对我简直太好了。客户可爱、员工可爱，我有了一种责任，要回报客户、回报员工。那时候，也慢慢就有了一种文化的概念。

创业时没有经理的概念，而且我作为一个女人，总感觉自己有太多的母爱，有的时候说不清楚，但却释放得很淋漓尽致。当时，沐泽的每一个员工都是我亲自招聘来的。就在那时候我跟员工建立了深厚的友谊，他们都管我叫余姐。每天下班开着车跟员工一起去送货，每天很开心，唱着歌去，唱着歌回。

直到今天，余立新依然很愿意回忆那段日子。

现在，沐泽发展壮大了。余立新也有了一些"水到渠成"的改变。

因为，余立新评价自己像水，柔柔的、缓缓的，不会选择绝对的抵触，而会随着事情的转变而转变。公司既然发展成了规模，余立新身上的理性元素自然也要随着多些。

但余立新始终不放弃天生作为女人的"直觉"。

"女人的直觉是与生俱来的。当你经历过了太多的事情，你的能力和层次到了一定程度的时候，就会用这样一种感觉去做判断，我的感觉经常是八九不离十。当然，企业做到一定程度时，一定要尊重科学的客观事实，这也是必然的。"

6月8日，正好是沐泽10岁的生日。余立新和员工一起拍摄了用手语演绎而成的一段"因为你、因为我，世界更不同"的MV。用动画片《狮子王》的故事形象地讲述了沐泽和经销商们共同经历过的日子。

能在企业正规化的过程中添加点浪漫，在余立新看来，是完全可以的，而且，余立新也这样做了。

工作中，余立新用一个女人特有的方式在管理着她的公司，挺成功。

生活里，余立新有一个幸福的三口之家：一个可爱的儿子，一个和自己至今还爱得很甜蜜的老公。女人就该是女人。余立新说得一点没错。

女人天生的温婉细腻是上苍赋予女性的一种坚不可摧的"武器"。作为一个女性老板，如何让你身边的男人们、女人们心甘情愿服从你的指挥，这就需要发挥女人独特的武器——以柔克刚。智慧的女性领导者最懂得应用而且轻而易举地攻入员工的内心，让每个人都如沐春风，甘愿为你赴汤蹈火，在所不辞。

温柔是女人最动人的特征之一。她可能不是都市的白领，她的学历也可能不是那么高，她的厨艺也许不怎么好，她的细手也许很笨拙，她的长相也许挺一般，总之她绝对不能算得上是一个十全十美的俏佳人，但她却很温柔，说起话来的"柔声细语"，足以让男人顷刻间为之陶醉。

在男人眼中，女人的这一特点比所有的特点都要可爱。温柔的女人走到哪里，都会受到人们的欢迎，博得众人的目光。她们像绵绵细雨，润物细无声，给人一种温馨柔美的感觉，令人内心佩赞、回味无穷。

如果你希望自己更妩媚、更动人、更有魅力，建议你保持或发掘作为女人所独具的温柔的禀赋,做个温柔的女人。

在日常生活中,怎样才能让自己的表现更温柔更可爱呢?你可以从以下几个方面来培养自己温柔的性情。

(1)通情达理。这是女性温柔最好的表现。温柔的女性对人一般都很宽容,她们为人谦让,对别人很体贴,凡事喜欢替别人着想,绝不会让别人难堪。

(2)富有同情心。这是女性温柔在待人处世中的集中表现。

(3)善良。对人对事都抱着好的愿望,喜欢关心和帮助别人。

(4)细致周到。让人心动的不是你做出了多么惊人的举动,更多的情况下,是你那适时的细心关怀和体贴,最能叫人怦然心动。

温柔是女人特有的武器,哪个男人不愿意被这样的武器击倒?温柔有一种绵绵的诗意,她缓缓地、轻轻地放射出来,飘到你的身旁,扩展、弥撒,将你围拢、包裹、熏醉,让你感受到一种宽松、一种归属、一种美。

女人,最能打动人的就是温柔。温柔像一只纤纤细手。知冷知热,知轻知重。只这么一抚摸,受伤的心灵就愈合了。

(5)性格柔和。不要一遇到不顺心的事情就暴跳如雷、火冒三丈。以柔克刚,才是女人的最高境界。到了这个境界,即使是百炼钢也能被你化作绕指柔。

(6)不软弱。温柔决不等于软弱。

总之，温柔可以体现在各个方面，在女性的生活领域处处都能体现出温柔的特征。

温柔，来自女人性格的修养。女人要在自己的日常生活中，注意加强性格上的涵养，培养女性柔情。为此，女人特别要忌怒、忌狂，讲究语言美，把那些影响柔情发挥的不良性情彻底克服掉，让温柔的鲜花为女人的魅力而怒放。

但是，女人的温柔，不是柔弱、柔顺，丧失了自己独立的人格和独立的个性，也绝非女人之美德，而是一种耻辱。女人之温柔，是柔中有刚、柔韧有度，所以才柔媚可人。柔情似水，是女性诱人的魅力，是一种征服他人的巨大力量。

2. "撒娇"是女人的独门暗器

"撒娇"是女人的专利。会"撒娇"的女人，你的丈夫会更喜欢你。

两个人共同生活在一起，难免产生摩擦，特别是遇到困难时男人会脾气暴躁，怒火一触即发。这时候千万不要火上浇油，而是要温言软语，先让他熄火。事实证明，在跟男人的冲突中，聪明的女人都能明白柔能克刚的道理，只有愚蠢的女人才会选择针锋相对。一个喜怒无常、经常像斗牛士一样怒发冲冠的女人是令人恐惧的。

马大娘自从老伴去世，含辛茹苦地拉扯着两个儿子——马钢和马铁。眼瞅着马氏兄弟都长成了五大三粗的小伙子，马大娘打心眼里高兴。去年春，大儿子马钢娶了媳妇，二儿子马铁也谈上了对象，马大娘心里高兴了，苦日子终于熬到了头，这下该安度晚年啦。谁知，儿子却没有让老人家晚年平安。马钢结婚时间不长，新房里便时常发生一些"战事"。马钢打小就性如烈火，谁知他的妻子也"钢硬刻百板"，本来一件小事，丈夫不冷静，妻子也不忍让，针尖对麦芒，每次都是越吵越凶，到最后总酿成一场场恶战。马钢夫妇"战事"不断，感情渐伤，双方都觉得再也难以过下去，只好办了离婚，各奔前程了。

转眼又是一年，马铁也热热闹闹地把新媳妇娶回了家，马大娘却又担上了心。当娘的最了解儿子，马铁的脾气可不比他哥哥强多少，也是动不动就吹胡子瞪眼，弄不好就抡拳头。马大娘密切注意着这对新婚燕尔的年轻夫妻，随时准备着去排解"战争"。这一天终于来了。不知为什么，马铁扯着牛嗓子对妻子大喊大叫。马大娘闻听"警报"，立即闯进了小两口的房间。马大娘看到，马铁黑虎着脸，拳头已高高举起。"浑小子，你——"马大娘话还没说完，却见二儿媳一不躲，二不闪；冲着丈夫柔情蜜意的一笑，娇滴滴地说："要打你就打吧，打是亲，骂是爱嘛。可就别打得太重了。"这下可好,马铁不但收回了高举的拳头,连虎着的脸也被逗了个"满园桃花开"。可能发生的一场风波顿时平息了,马大娘被儿媳那股撒娇样儿逗得差点笑岔了气。日子一天天过去,马大娘发现二儿子发脾气举拳头的时候几乎不见了。后来,二儿子对她说:"妈,我算服了她了,还是她'厉害',有涵养。"马大娘也由衷佩服这个懂得"撒娇艺术"的儿媳妇了。

"撒娇艺术",其实就是古之兵法上"以柔克刚"的艺术。老子认为"柔弱胜刚强",他说:"天下柔弱莫于水,而攻坚强者莫之能胜,以其无以易之。"这句话的意思是说,天下没有比水更柔弱的东西了,但是任何坚强的东西也抵挡不住它,因为没有什么可以改变它柔弱的力量。恰当运用"柔",任何坚强的东西都会为之融化,巧妙地运用"撒娇",就等于为婚姻安上了一个"安全阀门"。

也许有的妻子听了这个观点很不服气:"夫妻平等,谁都有个自尊心,难道让我屈服在辱骂与拳头之下,还要赔笑脸?我可不能服这个软!"要是这样理解可就错了。妻子给丈夫一个笑脸,一句幽默话,绝不是软弱的表现,而恰恰能显示出一个为人妻者的智慧、修养、气质和涵养。面对这样的妻子,只要不是那种压根儿没有人性、理性或对你根本没有感情的丈夫,相信谁都会在这大家风范面前败下阵来而自惭形秽,并在这种潜移默化的熏陶中受到影响,自觉纠正自己的偏激性格和行为。

巧用"撒娇"艺术,确是夫妻交往中;削除隔阂、增进了解、陶冶性情、加强涵养的具有实用价值的好办法。做妻子的,当丈夫发脾气时,不妨试试这招"撒娇绝技";当你的丈夫心情郁闷时,不妨打打这支女人特有的"独门暗器",这对增进夫妻之间的感情,肯定会大有益处。为人妻者请牢记:"撒娇"是对付老公的重要法宝。

3. 女人不要太挑剔

热恋的时候,男人像团火,女人也像团火,都把自己烧得糊里糊涂,昏头昏脑。你看我是白雪公主;我看你是白马王子。等到结婚后,爱的温度降低了,头脑也慢慢地清醒了,眼睛也睁大了,于是就开始重新审视对方,才发现种种的不如意,于是挑剔便开始了。

对于一个男人来说,一个女人的挑剔给家庭带来的不幸远远超过奢侈浪费。

男人太有本事,女人便总觉得对方不顾家,不陪她,总没把自己放在眼里,担心什么时候把自己抛弃,另寻新欢。

男人没有本事,女人又觉得太窝囊、太平庸、太没用,连累自己也见人矮一截。

男人重事业轻家务，女人不满意，羡慕别人的男人买菜洗衣带孩子，什么家务活都干，会体贴人。

男人重家务轻事业，女人也不满意，眼热别人家的男人有作为有志气，女人在外面也风光，也有地位。

男人爱整洁，家里什么东西放在哪儿都有讲究，家具上有一点尘土就不高兴，女人会觉得约束太多受不了。

男人不修边幅，衣领总是油腻腻的，袜子总是臭烘烘的，东西乱扔乱丢，女人觉得这样的男人太邋遢。

男人话太多，女人会感到讨人嫌。男人话太少，女人又感到像榆木疙瘩太死板。

男人抽烟喝酒，女人觉得他不会过日子、花钱太多。男人不抽烟不喝酒，女人又觉得他不会应酬，缺少男人味儿。

女人要挑男人的不是，处处都可以挑出毛病来，左看右看横看竖看，浑身上下都不顺眼。

男人看女人也是如此。凡女人看男人不顺眼的地方，男人都可以反过来看女人，而且，可以挑出更多的不是来。

怎样才能避免婚姻的挑剔呢？最简单而有效的忠告是：世上没有绝对完美的人，当然也没有完美的婚姻，保持一颗正常的心态，宽容对方，不妨在平时应注意以下几点：

（1）保持自己的个性

夫妻的恩爱，是建立在双方愿意平等地承担义务之上的，这才是亲密关系的坚强核心。婚后生活的矛盾是夫妻双方造成的。两人发生意见分歧时，你要主动承担责任和义务，而不要过分地要求对方改变观点、习惯，因为唯一能改变的就是你自己，可笑的是许多人总想用自己的意志去改变对方，不时强加给对方一些所谓的新情趣和新思想，殊不知这些做法往往事与愿违。既然你选择了对方，就应该让对方保持自己的个性，发挥自己的特长。

（2）要有一颗宽容心

夫妻之间要相互体贴并善于体贴。在清晨或就寝之前，夫妻坐下来交流一下思想，交换一下意见，比如家庭计划、困难、分歧甚至误会及其他生活问题，尽管这些事情只是生活琐事，但是一旦这种交流思想和交换意见的习惯逐步建立起来，婚后生活中发生的摩擦和紧张就会轻易地缓和下来。通过这种形式，男方要了解女方的心理特点，了解感情在她心中所占的比重，因为女人比男人更容易受情绪的支配，她们的感情既细腻，又极为敏感。与妻子的小冲突常常要靠温存、沉默和忍耐去解决，而说理则往往无济于事，如果男方老是计较女方的情绪波动和日常琐事，势必造成夫妻不和。气量大是爱情生活中不可缺少的气质，男方尤其应该如此。

（3）相互尊重和信任

可以说，没有信任就没有爱情，而彼此的尊重、必要的礼节，也不能和虚情假意相提并论。在此前提下，还要互相忍让，因为它是婚姻这架机器上的润滑剂。

女人都有一个特点，那就是自尊心强得要命。女人最清楚自己的弱点在哪里。因此，她们拼命掩饰，不让别人有机会触碰它。所以人们说，要与女人疏远或断交，最佳办法是伤害她的自尊心。反之，要取悦女人，最起码须小心防范，避免触及其弱点。当然，如果有办法提高女人的自尊心，则会让女人乐于与你交往，做你长久的朋友。

这一点，做丈夫的千万记住。对你的妻子，不要伤她的自尊，要想办法提高她的自尊心。

有人错误地认为："好夫妇彼此应该是坦白无私的"。有此心态的夫妇，常要对方无条件忠于自己，要求对方在心灵上没有任何隐私。倘若偶尔发现，便耿耿于怀，妒火中烧。事实上，每一个人的心灵深处都有完全属于自己的一方天地，它不对外开放，也不准人强行入关。由此不难发现，夫妇双方的隐私内守比坦白相陈要明智得多。当然，有些不动摇夫妇感情基础的思想向对方表露出来，比等待着对方来查阅你的大脑要好些。你同时应切记：最好不要强迫你的丈夫或妻子向你交出所有的个人机密。

列宁在和克鲁普斯卡娅结婚时，双方订立了一个公约："互不盘问，决不隐瞒"。这两条订得好！"互不盘问"表明夫妻双方的相互信任；"决不隐瞒"表明了夫妻双方的相互忠实。两者结合起来，就组成了一种比较和谐的夫妻关系。

"互不盘问"也表明了对对方人格的尊重，"决不隐瞒"则表明了自己要值得对方尊重。

要做到夫妻之间长相知，不相疑，相互间首先要有深刻的理解。首先作为妻子，要常常同丈夫交流感情，有了误会应及时说个明白；其次是要有高尚的情操。爱情和婚姻具有排他的特点，但并不等于自私。嫉妒、猜疑都源于自私的阴暗心理。只有把丈夫作为独立的人来爱，才能获得丈夫真诚的爱的回报；第三是要建立充分的自信心。只要你的婚姻是自愿的，对方总有所爱的地方和一定的吸引力。就算丈夫在学识地位上与你有了距离，你也千万不能自卑，而应当充分发挥自己的特长，以完善自我来增加吸引力。人总有长处，只要确信自己也有强于丈夫的方面，婚姻双方便是平等的、互补的、互相需要的、互相吸引的。

（4）冷静对待不愉快的事情

如果发生了不愉快的事，不要急于争吵，暂时先将想法写在一张纸条上。等到双方都冷静下来时，再把事情拿出来仔细讨论。如果过后发现是微不足道的小事，你一定不好意思再提起。另外，夫妻在讨论问题时，也应该心平气和，保持理智，尽量用对彼此信任的方法来消除引发怒气的主要原因。

（5）学会激励

学会激励，而不是驱使别人去做你想要达成的事，这是人们在人际交往中必须掌握的一门艺术，如果我们不用激励的方法，而是用唠叨或者责骂的方式去推动丈夫行动，那么，要想实现自己的目的会很难。

一位西方著名的哲人说过："一个男人能否从婚姻中获得

幸福，他将要与之结婚的人的脾气和性情，比其他任何事情都更加重要。一个女人即使拥有再多的美德，如果她脾气暴躁又唠叨、挑剔、性格孤僻，那么她所有的美德都等于零。"

　　许多男人丧失斗志，放弃了可能成功的机会，就是因为他的妻子常常给他泼冷水，打击他的每一个想法和希望。她总是无休止地挑剔，不停地抱怨丈夫，为什么他不能像她认识的某个男性那样会挣钱，或者是他为什么得不到一个好职位。有一个这样的妻子，做丈夫的怎能不变得垂头丧气？所以，愿不愿意改变，那就看你自己啦！

4. 女人要远离焦虑

　　焦虑症又被称为焦虑性神经症，通常表现为坐立不安，呼吸紧迫、多汗、皮肤潮红或苍白、心悸等，这些症状持续时间较长，常伴有各种自主神经功能紊乱。焦虑症多发于16～40岁，在一般人群中的发病率为5%，其中女性患者比较多。焦虑症患者人数在心理门诊的总人数中约占6%～26%，在神经内科门诊就诊的病人中也有10%～14%患有焦虑症。

　　张萍今年28岁，在很多人眼里，她都是成功的代表。事业有成，在公司里，负责行政部门的一切事务；家庭和睦，小孩可爱，丈夫也有自己的事业在打理。但没有人知道她内心的苦恼，作为一个职业女性，她日渐感到压力很大，面对竞争激烈的职场，有很多时候好像力不从心，看到一些事，她会觉得很烦，看到工作任务便特别焦虑，总担心完不成任务怎么办？没有效益如何是好？老板会认同自己的工作业绩吗？这种焦虑心理让她自己的信心在慢慢丧失。现在，每天她都觉得有很多人在等着看自己的笑话，但她的个性又不允许她失败。张萍开始每天吃不下睡不着，神情恍惚。

　　终于有一天，事业蒸蒸日上的张萍，做出了一个令所有人吃惊的举动：她辞职了。辞职后，她一直待在家中。直到有一天家人帮她找到一位出色的心理咨询师对她进行了长达半年的心理治疗，她才恢复了正常的生活。

　　上述案例中的张萍就是一个焦虑症患者。从张萍的案例可以看出，焦虑不安可以让一个成功的职业女性备受折磨，如果不及时进行调适，将会严重影响女性的正常生活。

　　2003年，美国盖洛普民意调查的结果表明：40%的美国人经常都会感到焦虑不安，而39%的人则是不时地处于焦虑的状态当中。事实上，有80%的人去看医生，是因为他们受焦虑之苦，而引发了相应的病症。

　　焦虑已成为当今人们精神上的一大天敌，虽然人们基本上都有过焦虑的体验，但并不是每个人都能积极地对心情进行调适。不管是贫困还是富有，身体状况如何，都有可能遭遇紧张和焦虑，适当的紧张会使生活不至于单调，但是如果长期处于紧张状态，那就有可能引发焦虑症。焦虑不但能够使人心烦意乱，杂念万千，严重时还能导致生理方面出现相关的症状，如头痛、头晕、失眠、乏力、厌食、腹部痉挛、心悸、胸闷、恶心、多汗、呼吸紧迫、尿频、月经紊乱等。

女性可以通过以下方法对焦虑症进行自我预防与治疗：

（1）要有一个良好的心态

首先要乐天知命，知足常乐。古人云："事能知足心常惬。"对自己的一生所走过的道路要有满足感，对生活要有适应感。不要老是追悔过去，埋怨自己当初这也不该，那也不该。理智的女性不注意过去留下的脚印，而注重开拓现实的道路。其次是要保持心理稳定，不可大喜大悲。"笑一笑十年少，愁一愁白了头""君子坦荡荡，小人长戚戚"，要心宽，凡事想得开，要使自己的主观思想不断适应客观发展的现实。不要企图让客观事物纳入自己的主观思维轨道，那不但是不可能的，而且极易诱发焦虑、忧郁、怨恨、悲伤、愤怒等消极情绪。其三是要注意"制怒"，不要轻易发脾气。

（2）自我疏导

轻微焦虑的消除，主要是依靠个人，当出现焦虑时，首先要意识到 这是焦虑心理在作祟，要正视它，不要用自认为合理的其他理由来掩饰它的存在。其次要树立起消除焦虑心理的信心，充分调动主观能动性，运用注意力转移的原理，及时消除焦虑。当你的注意力转移到新的事物上去时，心理上产生的新的体验有可能驱逐和取代焦虑心理，这是一种人们常用的方法。

（3）自我放松

自我放松有以下几种方法，现简单介绍如下：

①活动下颚和四肢

当一个人面临压力时，容易咬紧牙关。此时不妨放松下颚，左右摆动一会儿，以松弛肌肉，纾解压力。你还可以做扩胸运动，因为许多人在焦虑时会出现肌肉紧绷的现象，引起呼吸困难。而呼吸不顺可能使原有的焦虑更严重。欲恢复舒坦的呼吸，不妨上下转动双肩，并配合深呼吸。举肩时，吸气；松肩时，呼气，如此反复数回。

②幻想

闭上双眼，在脑海中创造一个优美恬静的环境，想象在大海岸边，波涛阵阵，鱼儿不断跃出水面，海鸥在天空飞翔，你光着脚丫，走在凉丝丝的海滩上，海风轻轻地拂着你的面颊……

或想象自己走进了大森林，风吹树叶沙沙作响，鸟儿在啼鸣……

③放声大喊

在公共场所，这方法或许不宜，但当你在某些地方，例如私人办公室或自己的车内，放声大喊是发泄情绪的好方法。不论是大吼或尖叫，都可适时地宣泄焦躁。

（4）自我反省

有些神经性焦虑是由于患者对某些情绪体验或欲望进行压抑，压抑到无意识中去了，但它并没有消失，仍潜伏于无意识中，因此便产生了病症。发病时你只知道痛苦焦虑，而不知其因。因此在此种情况下，你必须进行自我反省，把潜意识中引起痛苦的事情诉说出来。必要时可以发泄，发泄后症状一般可消失。

（5）自我催眠

焦虑症患者大多数有睡眠障碍，很难入睡或突然从梦中惊醒，此时你可以进行自我暗示催眠。如：可以数数或读一些平时读不下去的书等，促使自己入睡。

5. 宁静的女人最幸福

在物欲横流的商品经济大潮中，许多人都是脚步匆匆，来不及经过生命的思考，很多时候都不知道自己到底想要的是什么。

车水马龙，灯红酒绿，霓虹闪烁，歌舞升平，在这物质的繁华之中，不少人变得性情浮躁，精神空虚起来。唯有宁静的女人，心境坦然，从容不乱。

有一位大师对他的弟子说：给你们一颗安静的心灵，你们才活在自己的真实里。大师的话难道不又是对全人类说的吗？只有当你拥有宁静的心灵的时候，才会明白真实意味着什么。一个人的时候，不妨问问自己：你活在自己的真实里吗？你的心灵宁静吗？如果没有的话，请你从现在开始，放慢你匆匆的脚步，坐在你生命的位置上，放松自己，学会享受宁静吧！当然你可以不选择，只要你认为自己活得很潇洒！

作为一个女人，如果你的生命不想被世俗的洪流所淹没、吞噬，如果你的心不想被俗世的秽物所填满，那么你就必须拒绝世上一切的诱惑。当然，这样你可能很难做到，放弃它有时还真的让人产生莫名的苦痛。然而，你应该明白，那些东西给你带去的只是暂时的快乐、暂时的获得。生命应该活在永恒里，而永恒的生命必须学会宁静，追求生命的本真。做个宁静女人，这是成为一个幸福女人的最好修养。

有一位女士，没有选择去外资公司而是选择去学校任教，完全缘于她喜欢宁静的生活。这位女士既有教书的小小成就感，三个月的假期还可以自由安排。平时安心授业，听歌品书，寒假就在家里写稿，暑假开始四处行走，遇见喜欢的地方便停下来小住。

人在年少轻狂时，最爱呼朋唤友，流连酒吧，与喧嚣同乐；如果走向职场，工作上也是一路狂奔，去几个地方，换几个职业，这就是人们所说的"朝三暮四"，可快乐却离自己越来越远，不知道怎样才能使自己宁静下来。

宁静的女人，因为没有了过多的繁杂之事，所以总会找寻一些赏心悦目的事来安慰自己，她们有的学了一技之长，比如刺绣、弹琴，有的养了一隅的花花草草，有的在文字中怡然穿行，也有的喜欢小烹小炒被造就成了一位可爱厨娘。

这样的女人往往神态凝芳，笑容淡定，举止从容，总会带给男人很多无限的遐想。他们会猜测会揣度这个女人的心思，关注这个女人的动向，而点点模糊、神秘会让相处变得奇妙异常。通常外表炫目，但灵魂一眼便可以看穿的女人，在智者看来，只是街景，不是风景。

或许，没有经历过波折的女人，是不能体会宁静的内涵和厚度的。经历过波折的女人，不是缺憾，是沉淀；而宁静，是生命沉淀以后的一片清亮底色。一个学会宁静的女人，一定是很幸福的。

容貌，对于女人固然重要，但它不是永恒的；而宁静，能使女人获得一种由内而外的迷人高贵的韵致，使女人思路清晰，步态悠闲，充满万种风情。"娴静似娇花照水，行动如弱柳拂风。"宁静能使女人超然物外，与世俗环境和琐屑事物保持恒定距离。拥有了宁静的女人便拥有了柔情、优雅、智慧。这种美是永恒的，不因岁月的流逝和年龄的增大而改变。

宁静，不是说让一个女人不开口说话，不说话的女人是愚笨的。女人的宁静则是：热烈似火，柔情似水。

红颜易老，但宁静可以抚平女人的皱纹，可以使一个平庸的女人懂得什么是真正的美。

每天，当你望着墙上的时钟，望着四壁的墙，此刻，它们显得这样宁静。把握宁静的女人，最能够享受这份宁静，在这充满嘈杂、喧闹的世界之内，恪守住自己。

如果你是一位爱花人，你可能会发现花的一个秘密：所有的白色素花都有着沁人的清香，而颜色越浓烈的花反而越是缺少悠悠的香气。人也一样，越是淡泊宁静的朴素人生，生命越是散发悠长绵绵的芬芳。

过多的欲望会湮没一个人的志向和才气，只有洗尽铅华，沉静下来，摆脱对物质的贪恋，执着地去追寻，梦想才能清晰可见，引领我们达到可能的高度。

宁静是幸福的极致。一颗宁静的心对花开花落，云卷云舒，宠辱不惊，去留无意。达到这样的境界，内心该是何等的快乐自在，收放自如。

在淡泊宁静的滋养中，人生好比一朵雪白的栀子花，片片花瓣散发出的是无尽的素洁与幽香！

在如今这个繁华的、处处充满诱惑的世界里，太多的欲望充斥、侵蚀着人们的大脑，鼓舞着人，也伤害着人。人们想得到的太多太多，于是就有太多的欲望满足不了的痛苦与忧郁。为了获取自己想得到的，人们原本纯美的开始慢慢变得复杂、污浊，甚至灵魂也开始变得丑恶。

功名利禄获得的同时，人们却早已失去了真正的自我。难道真正的人生价值必须要以名利地位为代价吗？宁静处世的女人最明白生活的本质，其实还是宁和、淡泊的拥有。

在一颗静美的心灵中，手握一杯清茶，拥有一片阳光，风轻月圆夜，信步空庭，如水月光刹那间照遍全身，浸透肺腑，此时，心如明镜，这是一种境界：自然，平静，清澈，如淡漠无痕，似空阔无边。这是宁静女人的一种大智。

所有的人来到这个世界上都在匆匆地追逐着自己心中的目标，并为此付出各自不同的代价。宁静中的女人知道，如今的不少"成功"或许已失去神圣、崇高光环的围绕，而被世间一切的浮华所湮没，它只是个人取得心理安慰、社会地位的一种符号。其"成功"的成本实在太高、太大，比如，忘掉亲人、出卖朋友、苦苦思索、钩心斗角……

具有平和心境的女人，会将淡泊宁静存于生活中的每个时日，怡然自得，幸福无比。

6. 用谦虚亲和赢得幸福

一项题为"最受欢迎的人和最不受欢迎的人"的社会调查，结果列"最受欢迎的人"之首的是富有才干而为人谦虚的人；列"最不受欢迎的人"之首的是自命不凡、目空一切、夸夸其谈的人。这项调查充分显示出谦虚对一个人多么重要。

日常生活中，人们惯于津津乐道自己最高兴、最得意的事。事实上，即使是你怀有最大兴趣的事，有时也很难引起别人热烈的响应，而且还让人觉得好笑。"那一次纠纷，如果不是我给他们解决了，不知还要闹多久，你要知道他们不把任何人放在眼里，不过当着我的面他们就不敢含糊了。"即使这次纠纷确实是你调解解决了，可是一句"当时我恰巧在场就替他们调解了"，不是更让人敬佩？一件值得称道的事，被人发觉之后，人们自然会崇敬你。但假如你自己不讲究技巧，一味地夸夸其谈，最后必然会遭到大家的蔑视。

美玲人如其名，身高（1）70米、俊俏的脸蛋、苗条的身材，怎么看都是一个十足的美人，更为重要的是她还能讲一口流利的英语，这也是她最为得意的资本。刚进公司的时候，上司陈娜对她很亲切，但在一次跟外商谈业务的聚会上，美玲出尽了风头，她得意地用英语跟外商海阔天空地交谈，并频频举杯。她以她的高贵与美丽成了整个聚会上的焦点人物，而把上司陈娜冷落到了一边。聚会结束没多长时间，美玲就被调到了一个不太重要的部门。

美玲一点不谦虚的表现，自然让上司陈娜沦为配角。她在公众场合喧宾夺主，旁若无人地与上司抢"镜头"，使上司陷入尴尬的处境，上司当然不愿意把这样的下属留在手下了。

一个智慧的女人，知道什么时候该表现自己，什么时候该收敛自己，一个收放自如的女人，一定是一个有强大气场的女人。学会谦虚对女人很重要，正如明人陆绍珩所说："人心都是好胜的，我也以好胜之心应对对方，事情非失败不可。人情都是喜欢对方谦和的，我以谦和的态度对待别人，就能把事情处理好。"

有一位在一流企业担任要职的女士荣升为经理，在就职发言中她说道："我一向对数字感到头痛，所以以后还请大家多多帮忙！"

就这一句话，把为了迎接能干的经理而战战兢兢的下属们的紧张感一扫而空。但是，后来的情形却恰恰相反。当下属提出书面报告时，她一眼就看出了差错："这地方数字有错哟！"她若无其事地督促其注意。这个指正其实很细微，但却相当重要。这样继续一段时间的话，便会给下属留下这样的印象："这经理明明说她什么都不懂，其实相当不含糊呢。"

想赢得他人的好感，就应适当地隐藏自己的实力。因此，女人应该学会谦虚。谦虚是一种好品质，它可以帮我们赢得他人的尊敬。因此，女人在说话办事时适当地使用谦辞敬语，可以让你显得更加有魅力。谦辞是表示谦虚的言辞，一般对己。敬语是指含恭敬口吻的用语，一般对他人。常用的谦辞主要有：

"家"字一族，用于对别人称比自己的辈分高或年纪大的亲戚。如："家父""家尊""家严""家君"称父亲，"家母""家慈"称母亲，"家兄"称兄长，"家姐"称姐姐，"家叔"称叔叔。

"舍"字一族，用于对别人称比自己的辈分低或年纪小的亲戚。如："舍弟"称弟弟，"舍妹"称妹妹，"舍侄"称侄子，"舍亲"称亲戚。

"小"字一族，谦称自己或与自己有关的人或事物。如："小弟"是男性在朋友或熟人之间谦称自己，"小儿"是谦称自己的儿子，"小女"是谦称自己的女儿，"小人"是地位低的人自称，"小生"是青年读书人的自称，"小可"谦称自己，"小店"谦称自己的商店。

"敢"字一族，表示冒昧地请求别人。如："敢问"用于问对方问题，"敢请"用于请求对方做某事，"敢烦"用于麻烦对方做某事。

"愚"字一族，用于自称的谦称。如："愚兄"指向比自己年轻的人称自己，"愚见"称自己的见解，也可单独用"愚"谦称自己。

"拙"字一族，用于对别人称自己的东西。如："拙笔"谦称自己的文字或书画，"拙著""拙作"谦称自己的文章，"拙见"谦称自己的见解。

"敝"字一族，用于谦称自己或跟自己有关的事物。如："敝人"谦称自己，"敝姓"谦称自己的姓，"敝处"谦称自己的房屋、处所，"敝校"谦称自己所在的学校。

"鄙"字一族，用于谦称自己或跟自己有关的事物。如："鄙人"谦称自己，"鄙意"谦称自己的意见，"鄙见"谦称自己的见解。

另外还有"寒舍"谦称自己的家；"犬子"称自己的儿子；"笨鸟先飞"表示自己能力差，恐怕落后，比别人先行一步；"抛砖引玉"谦称用自己粗浅的、不成熟的意见引出别人高明的、成熟的意见。

谦虚是矜持的一种表现，是收放自如、拿捏有度的智慧。不张扬，不显摆，不把自己立于高高在上的位置。矜持，让女人于姹紫嫣红中似一支清新淡雅的百合脱颖而出，分外清香。

此外，做一个谦虚的女人，还应注意以下几点：

谦虚不是谦让。要谦虚，但不能太谦让。谦让是一种好品格，但在社交场合中若谦让太多，常会与很多机会失之交臂。在交际中，很多人的缺点就是谦让太过。把好多事推给别人，常表现为"足将进而趑趄，口将言而嗫嚅"的犹豫不决，这样就丧失了很多机会。

谦虚不等于太多礼貌和客气。与人来往应当注意礼貌，尤其是刚认识的朋友。但是过分的客气却像一道无形的墙，妨碍双方的进一步交流。人之相交，贵在知心。

谦虚不等于太多自责。对交际中的失误常做检讨，以便及时纠正，当然是好事。但过分自责无异于因噎废食，作茧自缚。因为，任何人在交际中都不可能完全没有失误，即使是德高望重的领袖人物,失误也在所难免。当你自责不已时,那些在场的人士或许对你的失误早已忘却了。更何况,当你下次以新的形象出现在交际场合,且一一纠正了对以往的失误时,大家自会对你另眼相看。

第七章 性格好的女子,更容易抓住男人的心